Inhaltsverzeichnis.

Monographien zur Chemischen Apparatur

Begründet von Dr. A. J. Kieser

Herausgegeben von Berthold Block

Band 6

Die Wandstärkenberechnung druckbeanspruchter Gefäße aus Schweißstahl-, Flußstahl-, Kupfer- und Aluminiumblech im Apparatebau

Mit Berücksichtigung der Werkstoff- und Bauvorschriften für Landdampfkessel vom Oktober 1926, ihres Nachtrages vom April 1927 und der hierzu vom Deutschen Dampfkesselausschuß herausgegebenen Erläuterungen

von

Ingenieur Hans Melhardt

*

Mit zehn Abbildungen, zwei Diagrammen und siebzehn Tabellen im Text und auf fünfzehn Tafeln

(Sonderdruck aus „Chemische Apparatur" 1928)

Springer-Verlag Berlin Heidelberg GmbH

1929

Ursprünglich erschienen bei Otto Spamer, Leipzig 1929
Softcover reprint of the hardcover 1st edition 1929

Additional material to this book can be downloaded from http://extras.springer.com.

ISBN 978-3-662-33642-7 ISBN 978-3-662-34040-0 (eBook)
DOI 10.1007/978-3-662-34040-0

I. Einleitung.

Während dem allgemeinen Maschinen- und Dampfkesselbau in zahlreichen und hochstehenden Sonderwerken alle nötigen Berechnungsunterlagen in reichlicher Anzahl zur Verfügung stehen, ist der Apparatebau, von wenigen Sonderwerken und den selten veröffentlichten Versuchswerten einzelner größerer Werke abgesehen, für seine Wandstärkenberechnungen auf die in den Hilfsbüchern für den Maschinenbau enthaltenen Formeln angewiesen. Diese Formeln sind aber entweder so allgemein gehalten, daß sie bei den verhältnismäßig geringen Wandstärken der gewalzten Baustoffe keine brauchbaren Ergebnisse zeitigen, oder sie sind auf die besonderen Verhältnisse des Dampfkesselbaues zugeschnitten und behandeln nur in unzureichender Weise die für den Apparatebau so wichtigen Baustoffe Kupfer und Aluminium.

Für die Bemessung der Wandstärken druckbeanspruchter Apparate ist man daher gezwungen, entweder die vorhandenen Formeln kritiklos zu verwenden oder sie den besonderen Verhältnissen des Apparatebaues anzupassen, soweit es sich aber um Baustoffe handelt, für die entsprechende Formeln überhaupt fehlen, neue Formeln zu schaffen bzw. aus den vorhandenen durch Umformung, Wahl anderer Zahlenwerte usw. abzuleiten.

Ersteres muß dort geschehen, wo die Apparate den Bestimmungen der Dampfkesselgesetze unterliegen (trotzdem die Betriebsverhältnisse oft voneinander abweichen und die für Dampfkessel vorgeschriebenen Formeln den Bedürfnissen des Apparatebaues nicht immer entsprechen), letzteres wird in allen anderen Fällen durchgeführt und zeitigt je nach Gründlichkeit der Überlegung und Zutreffen der gewählten Zahlenwerte mehr oder weniger zweckentsprechende Ergebnisse.

Daß auf diese Weise keine einheitlichen genügend sicheren Berechnungsgrundlagen entstehen können, ist schon in der Verschiedenheit der einzelnen persönlichen Auffassungen und in der mangelnden Übereinstimmung der Festigkeitsangaben in den einzelnen technischen Werken begründet. Wenn auch eingehende Sondererfahrung im Apparatebau vor gröberen Fehlern bewahren wird, so bringen doch derart schwankende theoretische Grundlagen eine unerwünschte Unsicherheit mit sich.

Dem soll nun abgeholfen werden durch die in folgendem durchgeführte eingehende Untersuchung der vorhandenen Formeln, Ableitung neuer Formeln, übersichtliche Zusammenstellung der gewonnenen Ergebnisse und tabellarische Auswertung der für die hauptsächlichsten Fälle in Betracht kommenden Formeln, so daß für die wichtigsten Formen, Baustoffe, Beanspruchungen und Herstellungsarten klare und ausreichende Berechnungsgrundlagen geschaffen werden und die Rechenarbeit auf ein Mindestmaß verringert wird.

Die Zusammenfassung der Ergebnisse erfolgt in 15 Tabellen, die in ihrer Gesamtheit folgende Bestimmungen ermöglichen:

1. Für Kugeln aus Schmiedestahl, Kupfer und Aluminium bei Außen- und Innendruck und Zylinder aus den gleichen Baustoffen bei Innendruck, die sofortige Ablesung der Wandstärken bei Normaltemperatur und der gebräuchlichsten Herstellungsart für Radien bis 4000, Durchmesser bis 3000 mm und Drücke bis 15 at[1]).

2. Die Anpassung des abgelesenen Tabellenwertes an einige andere Ausführungsarten durch Multiplikation mit einem der in der Tabelle hierfür angegebenen Zahlenwerte.

3. Für Zylinder aus Schmiedestahl, Kupfer und Aluminium bei Außendruck für verschiedene Längen, Lagen und Herstellungsarten die Ablesung zweier Zahlenwerte, deren Multiplikation die gewünschten Wandstärken für Durchmesser bis 3000 mm und Drücke bis 15 at ergibt.

4. Die Berücksichtigung der Festigkeitsabnahme bei Temperaturerhöhung für Kupfer und Aluminium durch Ablesen eines Zahlenwertes, mit dem die aus den Tabellen bestimmten Wandstärken zu multiplizieren sind.

5. Die Anwendung dieses vereinfachten Rechnungsvorganges auch in jenen Fällen, wo hinsichtlich Festigkeit und Sicherheitsgrad von den Tabellengrundlagen abweichende

[1]) In Anlehnung an die Bauvorschriften für Landdampfkessel 1926/27, die damit dem Brauche anderer Länder folgen, werden im folgenden statt „Schweißeisen“ und „Flußeisen“ die Bezeichnungen „Schweißstahl“ und „Flußstahl“ gewählt.

Verhältnisse bestehen, durch Multiplikation der abgelesenen Tabellenwerte mit einer einmal zu bestimmenden und in den betreffenden Tabellen vorzumerkenden „Anpassungszahl".

Selbstverständlich müssen in gleicher Weise, wie dies bisher nach Errechnung des jeweiligen Formelendwertes üblich war, auch bei Benutzung der Tabellen alle zusätzlichen mechanischen und chemischen Beanspruchungen durch Erhöhung der abgelesenen Wandstärken berücksichtigt werden. Dies gilt besonders bei kleinen Durchmessern und geringen Drücken, wo die errechneten Wandstärken schon mit Rücksicht auf Herstellung und Transport vergrößert werden müssen, ferner bei besonderen mechanischen Beanspruchungen während des Betriebes und schließlich in allen jenen Fällen, wo die Apparate stärkeren chemischen Angriffen ausgesetzt sein werden.

Ebenso müssen wie bisher bei Apparaten, die diesen Vorschriften unterliegen, die Bestimmungen der „Werkstoff- und Bauvorschriften für Landdampfkessel vom Oktober 1926 (WBVfLDK. 1926)", deren Nachtrag vom April 1927 (WBVfLDK. 27) und die hierzu herausgegebenen „Erläuterungen"[1]) bei jedem einzelnen Fall berücksichtigt werden. Die wesentlichsten Punkte sind zwar durch Hinweise oder Auszüge in den Tabellen berücksichtigt; eine vollständige Wiedergabe aller Bestimmungen, insbesondere, soweit sie nicht in direktem Zusammenhang mit der Wandstärkenberechnung stehen, würde bei dem großen Umfang dieser Verordnungen die Handlichkeit der vorliegenden Zusammenstellung gefährdet haben.

Bei Wahl der einzelnen Zahlenwerte wurde besonderes Gewicht auf die Forderung gelegt, daß in allen Fällen eine genügende Sicherheit gewahrt bleiben muß. Besonders mit den Werten für das Güteverhältnis der Nähte bei Schmelzschweißung, Hartlötung und Hammerschweißung mußte zu diesem Zweck soweit heruntergegangen werden, daß auch bei minder sorgfältiger Ausführung ein bestimmter Sicherheitsgrad nicht unterschritten wird. Maßgebend hierfür war, daß insbesondere kleine Werke oft nicht in der Lage sind, sich durch Versuche genügend Klarheit über die Festigkeit der von ihnen ausgeführten Schweißnähte zu verschaffen, daß

---

[1]) Vollständiger Abdruck erschienen im Beuth-Verlag, Berlin S 14.

die Güte der Schweißnaht mit von der Fertigkeit des dieselbe jeweils ausführenden Arbeiters abhängt, und daß die Berechnung der Wandstärken oft unabhängig vom ausführenden Werk erfolgt (z. B bei selbständigen technischen Büros).

Die in den BVfLDK/26 vorgeschriebenen Bewertungsziffern der Schweißnähte sind niedrige. Da in dieser Richtung bei Regelung der Anwendung der BVfLDK./26 Erleichterungen nicht ausgeschlossen sind, wurden auch höhere Bewertungsziffern aufgenommen, welche in Fällen mit leichteren Beanspruchungsverhältnissen angewendet werden können, wenn die eigenen Werkserfahrungen eine genügende Gewähr dafür ergeben, daß sicher und regelmäßig höhere Festigkeiten der Schweißnähte erreicht werden, als die den Tabellen zugrunde liegenden.

Auch wenn in anderer Richtung Abweichungen der eigenen Erfahrungswerte gegenüber den den Tabellen zugrunde gelegten Werten bestehen, kann dies in einfachster Weise durch Wahl einer „Anpassungszahl" berücksichtigt werden.

In den folgenden Abschnitten werden zunächst die Festigkeiten und Sicherheitswerte behandelt und hierauf der rechnerische Aufbau der Tabellen erläutert, wobei Wert auf klare Ableitung der einzelnen Formeln gelegt und im allgemeinen jeder der Baustoffe gesondert behandelt wurde, um auch in Sonderfällen eine möglichst rasche Orientierung zu ermöglichen.

Schließlich sei noch erwähnt, daß sich die nachfolgenden Tabellen bzw. in gleicher Weise auf der Verordnung vom Jahre 1908 aufgebaute Tabellen in ihrer Anwendung bei Bemessung der verschiedenartigsten Apparate durch mehr als fünf Jahre praktisch gut bewährt haben.

II. Festigkeits- und Sicherheitswerte.

Im allgemeinen Maschinenbau finden sich neben der bekannten Tabelle der „zulässigen Spannungen" nach C. v. Bach (TdzSp.) noch spezielle Angaben für die bei den einzelnen Konstruktionsfällen zulässigen Spannungen.

Für den Dampfkesselbau sind diese Sonderangaben in den WBVfLDK./26/27 niedergelegt.

Für den Apparatebau bestehen solche Sonderangaben noch nicht, da die erwähnten Vorschriften nicht ohne weiteres als analoger Berechnungsbehelf angesehen werden können. Bei der Verwertung ihrer Bestimmungen für den Apparatebau muß man bedenken, daß es sich um behördliche Vorschriften handelt, deren oberster Zweck die Erreichung genügender Sicherheiten auch in Fällen höchster Beanspruchung ist, und deren Entstehung hauptsächlich auf die außerordentliche Steigerung des Gefahrenmomentes durch die Hochdruckdampfbewegung zurückzuführen ist. Die im Apparatebau vorliegenden Beanspruchungsverhältnisse sind aber im allgemeinen weitaus mildere. Sollen daher für den allgemeinen Apparatebau Berechnungsgrundlagen aufgestellt werden, so können die in den BVfLDK./26/27 enthaltenen Formeln und Zahlenwerte nur verwendet werden, wenn sie aus dem starren Rahmen der Verordnung herausgehoben und den geänderten Verhältnissen des Apparatebaues angepaßt werden.

Während im Dampfkesselbau die Höchstdruckkessel eine Neubearbeitung der bisher geltenden Vorschriften von 1908 erforderlich machten, da die vorhandenen Bauvorschriften den verschärften Ansprüchen nicht mehr genügten, hat sich im Apparatebau seit 1908 außer der zunehmenden Anwendung und Verbesserung der Gas-Schmelzschweißung und der Einführung der Lichtbogenschweißung nicht viel geändert, jedenfalls nichts von so einschneidender Bedeutung wie die Höchstdruckbestrebungen im Dampfkesselbau. Für den Apparatebau bestand also keine Veranlassung nach Schaffung neuer Bauvorschriften, zumindest nicht von solchen, die auf den Apparatebau angewendet werden müssen, ohne den Verhältnissen dieses Sondergebietes angepaßt zu sein. Denn wenn auch die Dampffaß-Verordnung von 1923 formell noch nicht aufgehoben ist, so unterliegen doch praktisch alle unmittelbar oder mittelbar befeuerten Apparate heute schon der neuen Verordnung, da diese den Überwachungsorganen genügende Handhaben bietet, die neuen Bestimmungen schon jetzt auf Apparate anzuwenden, d. h. deren Bemessung nach Vorschriften zu fordern, die für wesentlich schärfere Beanspruchungsverhältnisse geschaffen wurden.

Es ist selbstverständlich, daß jeder Apparatebauer aus vielen Gründen das größte Interesse an einer ausreichenden, ja reichlichen Sicherheit seiner Konstruktionen hat; ebenso sicher ist es aber, daß ein „Zuviel“ an Sicherheit eine bedenkliche Erhöhung der Herstellungskosten und damit eine Gefährdung der Absatz- und Wettbewerbsfähigkeit mit sich bringt, ohne daß dadurch irgendwelche Vorteile (außer vielleicht höherer Altwert der Apparate) erreicht werden. Ein solches „Zuviel" an Sicherheit wird aber so lange bestehen, als nicht Sondervorschriften für den Apparatebau herausgegeben werden oder zumindest die einzelnen Bestimmungen der WBVfLDK./26/27 durch Nachsätze, die ihre Anwendung bei Apparaten regeln, den Bedürfnissen des Apparatebaues angepaßt werden. Eine Unterteilung der Apparate in verschiedene Beanspruchungsstufen nach Größe, Betriebsdruck, Temperatur und Beanspruchungsart (also nach Gefahrenklassen) wird sich hierbei wohl als unerläßlich erweisen.

Solche Sonderbestimmungen sind um so nötiger, als die BVfLDK./26/27 zum Teil nur eine einstweilige Regelung darstellen, in vielen Punkten noch der Klärung und Ergänzung bedürfen und der Apparatebauer in vielen Fällen wegen ihrer Auslegung in Verlegenheit sein wird[1]). Hierzu kommt, daß die neuen Vorschriften den Überwachungsorganen so weitgehende Vollmachten einräumen, daß es nötig sein wird, sich vor Ausführung des betreffenden Apparates mit ihnen ins Einvernehmen zu setzen. Daß hierdurch die Anfertigung von Kostenanschlägen und Werkstattzeichnungen nicht beschleunigt wird, liegt auf der Hand, ebenso, daß die Entscheidungen verschiedener Sachverständiger individuell verschieden ausfallen werden, d. h. daß mehrere gegeneinander im Wettbewerb stehende Firmen bei gleichen Beanspruchungsfällen verschieden bemessene und damit verschieden teuere Apparate anbieten werden.

Als Vergleichungsgrundlage mögen wieder die Ziffern der TdzSp. dienen, und zwar für den

Belastungsfall II, der bei Apparaten in der Regel anzunehmen sein wird, gekennzeichnet durch den beliebig häufigen Wechsel der Belastungsspannung zwischen 0 und einem größten Wert;

Belastungsfall I (ruhende Belastung) wird wohl nie vorkommen;

Belastungsfall III (Wechsel zwischen einem größten positiven und einem größten negativen Wert) ist möglich, z. B. bei Vakuumapparaten, die unter Druck entleert werden sollen. Allerdings handelt es sich hier um meist verhältnismäßig geringe Drücke, so daß die Bemessung auf Grund der

[1]) Hönnicke, Für den Dampffaßbau Wichtiges aus den neuen Werkstoff- und Bauvorschriften für Landdampfkessel. Chem. App. 1927, Heft 9, 11, 12, 13.

Beanspruchung durch Vakuum die größere Wandstärke ergibt.

Praktisch ist also das Vorliegen des Falles III in seiner vollen Schärfe unwahrscheinlich; jedenfalls ist aber bei dem verhältnismäßig selten eintretenden Wechsel der Beanspruchungsrichtung das gefährliche Kennzeichen des Falles III, der häufige und rasche Richtungswechsel, nicht gegeben und damit auch eine besondere Berücksichtigung des Beanspruchungswechsels rechnerisch nicht erforderlich.

A. Zugbeanspruchungen.

Zugbeanspruchungen treten bei Zylinder- und Kugelteilen bei Innendruck ein nach Abb. 1.

In beiden Fällen ist, soweit es sich nicht um nahtlose Gefäßteile handelt, die Festigkeit der Naht in Form des

Güteverhältnisses, d. h. des Verhältnisses der Festigkeit der Hartlöt-, Niet- oder Schweißnaht zur Festigkeit des vollen Bleches, zu berücksichtigen und in die Rechnung einzuführen.

Der Art der Verbindung ist weiter durch Wahl einer entsprechenden

Sicherheitszahl (Verhältnis der Berechnungsfestigkeit zur zulässigen Spannung) Rechnung zu tragen, und zwar derart, daß von einer für nahtlose Gefäßteile als zutreffend erkannten Sicherheitszahl ausgehend, um so höhere Werte gewählt werden, je größer die Schwächung der Bauart durch die Naht gegenüber einer nahtlosen Ausführung ist.

Handelt es sich um Baustoffe, deren Festigkeit von der *Walzrichtung* abhängig ist, so ist bei Zylindern zu untersuchen, wie die Beanspruchung verläuft, und im Falle einer Beanspruchung quer zur Faser der hierfür geltende kleinere Festigkeitswert in die Rechnung einzuführen. Bei Kugelteilen besteht bei solchen Baustoffen auch immer eine Beanspruchung quer zur Faser, so daß hier stets mit dem kleineren Wert zu rechnen ist.

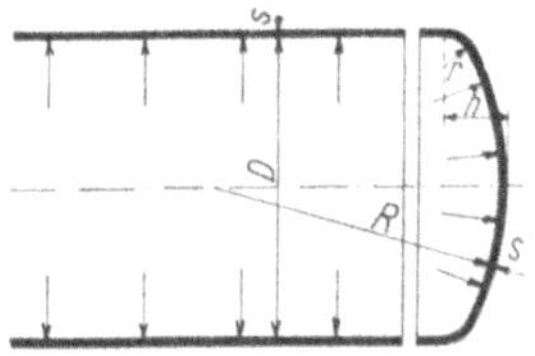

Abb. 1. Beanspruchung bei Innendruck.

Schließlich ist zu untersuchen, wieweit durch die *Herstellungsart* eine Schwächung des Bleches am fertigen Apparat gegenüber der ursprünglichen und der Rechnung zugrunde gelegten Blechstärke erfolgen kann. Bei Zylindern und maschinell gepreßten

Böden ist eine solche weniger zu erwarten, wohl aber bei Kugelteilen aus Kupfer und Aluminium, die durch Handarbeit hergestellt wurden. Hier wird durch den Arbeitsvorgang des „Treibens“ eine gewisse Schwächung der Blechstärke erfolgen. Besondere Überlegungen in dieser Richtung sind von Fall zu Fall bei gedrückten oder gezogenen Teilen nötig.

Bei Kugelteilen und gewölbten Böden ist zu berücksichtigen, daß neben der Zugbeanspruchung zusätzliche Spannungen auftreten, deren Größe die der Zugspannung übersteigen kann und von der Form des gewölbten Bodens einerseits und der Größe und Anordnung der vorhandenen Durchbrechungen (Aussparungen) andererseits abhängt. Die bisher übliche Berechnung nach der Zugbeanspruchung, wobei den zusätzlichen Spannungen durch Verwendung einer kleineren zulässigen Spannung Rechnung getragen wurde, genügt nach den neuesten Erkenntnissen nicht mehr, es müssen vielmehr die zusätzlichen Spannungen, für welche die zutreffenden Werte durch zahlreiche Versuche nachgewiesen wurden[1]), in die Rechnung eingeführt werden.

Die neue Berechnungsart geht von der doppelten Membranspannung eines Halbkugelbodens vom gleichen Durchmesser (d. h. von der Membranspannung einer Halbkugel vom doppelten Durchmesser) wie der gewölbte Boden aus und bringt für die einzelnen Bodenformen durch Versuche bestimmte Höchstspannungen zu dieser in Beziehung. Hierdurch entsteht für jede Bodenform ein dieser eigentümlicher Formwert, der in die Rechnung einzuführen ist, während die im Bereiche der Durchbrechungen (Mannlöcher, Füllöcher u. dgl.) auftretenden Randspannungen durch eine, von der jeweiligen Größe und Anordnung dieser Durchbrechungen abhängige Erhöhung der für Vollböden geltenden Sicherheitszahl und des Zuschlages berücksichtigt wird. Es sind hierbei zwei Hauptgruppen zu unterscheiden:

1. Halbkugelböden, bei deren Ausführung als Vollböden keine besonderen zusätzlichen Spannungen auftreten, und deren Berechnung daher im allgemeinen nach der Membranspannung erfolgt, wobei die bei Durchbrechungen auftretenden Randspannungen durch die oben erwähnten Erhöhungen zu berücksichtigen sind.

2. Gewölbte Böden, bei denen im Krempengebiet hohe Biegungsbeanspruchungen auftreten, die von der Ge-

[1]) Literaturnachweis in den Erläuterungen zu den BVfLDK./27 (a. a. O.).

stalt der Bodenkrempe und der Bodenhöhe abhängen, und deren Berechnung daher nach einem Vielfachen der Membranspannung (ausgedrückt durch den Formwert) erfolgen muß.

Da die Krempenspannung mit fallender Bodenhöhe und kleinerwerdendem Krempenhalbmesser rasch ansteigt, die bisher gebräuchliche Form der Kesselböden infolge ihrer flachen Ausbildung und kleinen Krempenhalbmesser nach Abb. 2 aber sehr ungünstige Spannungsverhältnisse aufweist, wurde durch behördliche Vorschriften für gewölbte Böden eine Mindesthöhe von 0,2 des Bodendurchmessers und als kleinster Krempenhalbmesser 0,1 des Bodendurchmessers bestimmt, wodurch die heute gebräuchliche Bodenform nach Abb. 3, ein Korbbogen mit einem Wölbungshalbmesser gleich dem Bodendurchmesser entstanden ist. Andere Bodenformen sind nach den BVfLDK./27 nur zulässig, wenn bei ihnen diese Mindestmaße nicht unterschritten werden. Die günstigste Bodenform zeigt eine verhältnismäßig geringe Abweichung von der Ellipsenform, deren gleichmäßiger Krümmungsverlauf die zweckmäßigste Kurvenform für Vollböden darstellt. Die Randspannungen in der Umgebung der „Mannlöcher“ und sonstiger Ausschnitte, deren Berücksichtigung durch den „Formwert“ erfolgt, können bei gewölbten Böden bedenklich werden, wenn sie Wechselwirkungen in der hochbeanspruchten Bodenkrempe auslösen. Die Voraussetzung hierfür ist gegeben, wenn die Ausschnitte nahe an der Bodenkrempe liegen. Eine seitliche Anbringung der Ausschnitte nahe an der Bodenkrempe ist daher tunlichst zu vermeiden. Dieser Forderung wird allerdings im Apparatebau nicht immer entsprochen werden können, da der mittlere Teil der meisten Apparateböden z. B. für das Mannloch nicht verfügbar ist, weil an dieser Stelle oft Rührwerksböcke, Hauben, Übersteigrohre u. ä. angeordnet werden müssen. In solchen Fällen

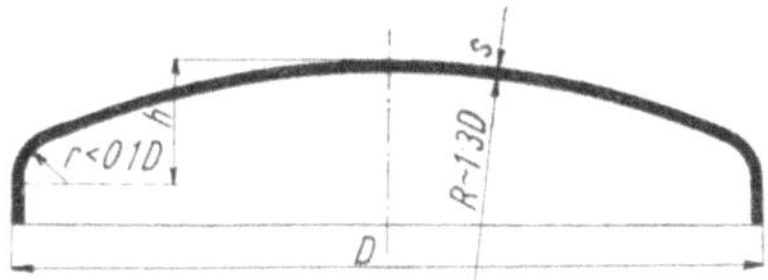

Abb. 2. Bisher gebräuchliche Bodenform.

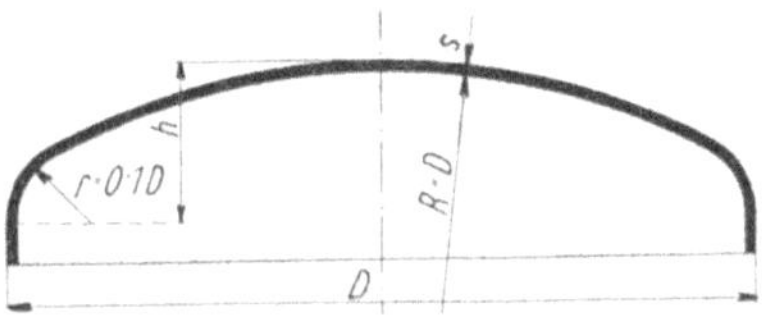

Abb. 3. Neue Bodenform.

wird man sich darauf beschränken müssen, die Ausschnitte möglichst nahe gegen die Bodenmitte zu anzuordnen und dort, wo sie trotzdem nahe an die Krempe zu liegen kommen, der Berechnung einen höheren Sicherheitswert als den für seitliche „Mannlöcher" in den BVfLDK./27 vorgeschriebenen zugrunde zu legen. Die Spannungserhöhung im Bereich des Mannloches kann übrigens durch eine kegel-

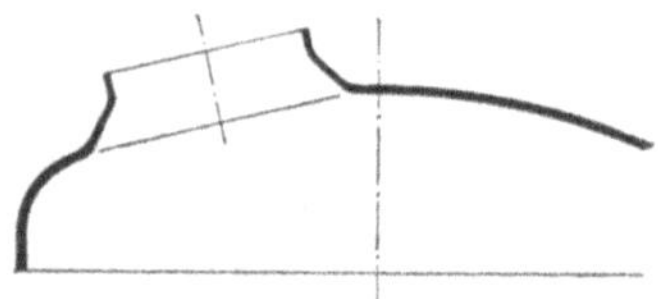

Abb. 4. Kegelförmige Vorwölbung des Mannlochrandes.

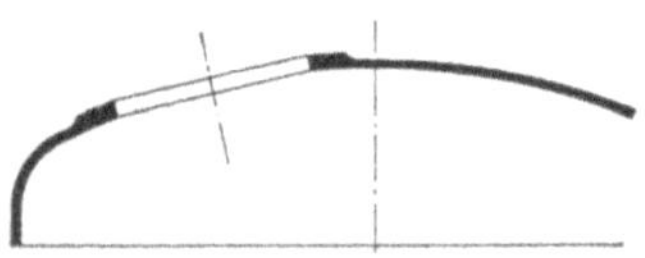

Abb. 5. Verstärkung des Mannlochrandes.

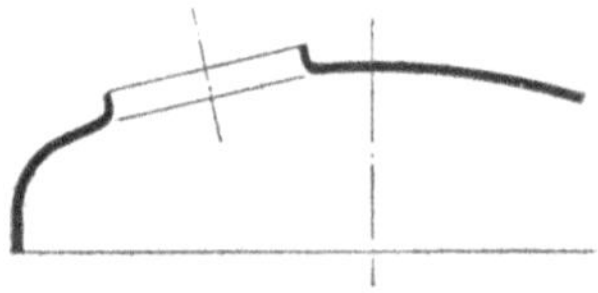

Abb. 6. Börtelung des Mannlochrandes.

förmige Vorwölbung des mit einer Krempe versehenen Mannlochrandes erniedrigt werden nach Abb. 4, wodurch die gesamte Spannungsverteilung günstiger wird. Das gleiche gilt von einer entsprechenden Erhöhung der Wandstärke in der Umgebung des Mannloches nach Abb. 5, nicht aber von einer Börtelung des Mannlochrandes nach Abb. 6.

a) Schweißstahl.

Schweißstahl wird nur mehr wenig erzeugt und selten angewendet. Nach den WVfLDK./26 sollte er zum Bau neuer Dampfkessel nur mehr für Niete verwendet werden[1]). Ausgeschlossen ist im übrigen seine Verwendung nicht. Wo sie stattfindet, gelten wie bisher die bezüglichen Bestimmungen der „Materialvorschriften für Landdampfkessel vom 12. Dezember 1908", die als geringste Zugfestigkeit vorschreiben:

3500 kg/cm² in der und 3300 kg/cm² senkrecht zur Walzrichtung.

Allgemein werden angegeben:

3300—4000 kg in der Walzrichtung und 2800—3500 kg senkrecht hierzu[2]), ferner:

[1]) Dabei ist die Gefahr von Korrosionen zu bedenken. Schweißeiserne Nieten in flußeisernen Blechen erzeugen elektrische Spannungsunterschiede.

[2]) Dubbel, Taschenbuch für den Maschinenbau 1924.

3300—3800 kg in der Walzrichtung und 2870—3300 kg senkrecht hierzu[1]).

Die TdzSp. gibt für Zug, Fall II $k_z = 600$ kg/cm² an, was bei Blechen nach den MVfLDK./08 einer Sicherheit von 5,83 längs und von 5,5 quer zur Walzrichtung entsprechen würde, bei Blechen mit 3300 bzw. 2800 kg Festigkeit jedoch nur einer Sicherheit von 5,5 bzw. 4,67.

Die BVfLDK. geben bei den einzelnen Formeln neben den jeweils anzuwendenden Berechnungsfestigkeiten und Sicherheitszahlen noch Zuschläge an, um welche die nach der Festigkeitsrechnung bestimmte Wandstärke zu erhöhen ist. Diese Zuschläge haben mit der eigentlichen Festigkeitsrechnung nichts zu tun, verlieren daher bei mittelbar geheizten Apparaten, die den bei Dampfkesseln auftretenden Angriffen des Wassers und Feuers nicht ausgesetzt sind, ihre Bedeutung als Abrostungszuschlag und können daher bei solchen Apparaten (wenn sie den BVfLDK. nicht unterliegen) wohl in die Festigkeitsrechnung einbezogen werden.

Bei Zylindern ist nach den BVfLDK. die Berechnungsfestigkeit mit 3300 kg/cm², die Sicherheitszahl mit (höchstens) 4,75 und der Zuschlag mit 1 mm einzusetzen. Soweit also Apparate in Betracht kommen, die den BVfLDK. unterliegen, somit Bleche von mindestens 3300 kg/cm² Festigkeit quer zur Faser verwendet werden, bleiben die Sicherheiten der TdzSp. gewahrt. Es muß jedoch auch mit der Verwendung von Blechen mit geringerer Festigkeit gerechnet werden, besonders bei kleineren Apparaten und kleinen bis mittleren Drücken. Diese Bleche haben dann ein K_z von 3300 kg längs und 2800 kg quer und geben längs der Walzrichtung eine genügende Sicherheit, die sich jedoch quer zur Faser (ohne den Zuschlag von 1 mm) auf 4,03 erniedrigt. Nun ist aber bei den handelsüblichen Blechformaten (bis zu 2mal 4 m) eine Beanspruchung quer zur Faser nur dort zu erwarten, wo die größere Seite einer Blechtafel für die Länge eines Blechzylinders zwecks Vermeidung einer Quernaht ausgenützt werden soll. Dieser Vorteil ergibt sich aber nur bei Durchmessern unter 636 mm. Der (nach den BVfLDK. beibehaltene) Zuschlag von 1 mm gibt jedoch noch bei einem Durchmesser von 600 mm und 8 at Druck eine um etwa 20% größere Wandstärke (als mit $K_z = 3300$ kg und 4,75-facher Sicherheit errechnet), d. h. bis zu dieser Grenze ent-

[1]) Stephan, Die Technische Mechanik des Maschineningenieurs 1922.

spricht die Sicherheit der TdzSp. Bei Durchmessern von mehr als 600 mm wird man das Blech, schon um die viel unerwünschtere zweite Längsnaht zu vermeiden, so einrollen, daß die Beanspruchung längs der Walzrichtung herrscht, wobei bei Drücken über 8 at wohl auch dort Bleche mit höherer Festigkeit verwendet werden, wo man sich bei Drücken unter 10 at mit Blechen von geringerer Festigkeit begnügt. Praktisch ist also der Fall, daß bei Verwendung von Blechen mit nur 2800 kg Festigkeit quer zur Faser die Sicherheit unter 4,75 sinkt, nicht zu erwarten, so daß die Formel der BVfLDK. mit $K_z = 3300$, 4,75facher Sicherheit und 1 mm Zuschlag beibehalten werden kann, allerdings auch bei Apparaten, die den BVfLDK. nicht unterliegen, ein Weglassen des Zuschlages von 1 mm nicht zu empfehlen ist.

Der Sicherheitswert von 4,75 entspricht nach den BVfLDK. für „überlappte oder einseitig gelaschte Nähte", während für „zweireihige, doppelt gelaschte Nähte, deren eine Reihe nur einreihig genietet ist und für geschweißte Nähte" ein Sicherheitswert von 4,25 vorgeschrieben wird.

Ob es sich hierbei um feuergeschweißte Überlappungsnähte oder um durch Schmelzschweißung hergestellte Nähte handelt, wird in der Verordnung nicht gesagt. Nach den in Punkt IVB der BVfLDK./26 gemachten Angaben über die Bewertung der Schweißnähte ist aber anzunehmen, daß sich der Wert von 4,25 auf Überlappungsschweißungen bezieht. Bei Schmelzschweißung, und wenn als Güteverhältnis der Naht der tatsächlich erreichte Wert eingesetzt wird, sollte mindestens auf einen Sicherheitswert von 4,75 gegangen werden.

Bei gewölbten Böden liegt immer auch eine Beanspruchung quer zur Faser vor, so daß, falls Bleche geringerer Festigkeit verwendet werden, mit einer Berechnungsfestigkeit von 2800 kg an Stelle der (in den BVfLDK. mit) 3300 kg gerechnet werden muß. Ob gewölbte Böden aus Schweißstahlblech nach den BVfLDK./27 zulässig sind, wird in den Vorschriften nicht ausdrücklich gesagt. Im Abschnitt VIIIB wird zwar nur von Flußstahl und Kupfer gesprochen, nach dem in den BVfLDK./26 enthaltenen (zu Beginn dieses Abschnittes erwähnten) Hinweis wegen Geltung der Bestimmungen der BVfLDK./08 für Schweißstahl ist die Verwendung desselben jedoch nicht unzulässig. Hinsichtlich der Sicherheitsverhältnisse für gewölbte Böden gilt sinngemäß das gleiche wie im nächsten Abschnitt für Flußstahl.

Wegen des Sicherheitsverhältnisses der Nähte gilt ebenfalls das gleiche wie bei Flußstahl mit dem Unterschied, daß mit Rücksicht auf die bessere Schweißbarkeit des Schweißstahles bei nicht den BVfLDK./26 unterliegenden Apparaten ein höheres Güteverhältnis der Schweißnähte eingesetzt werden kann, wenn anders eigene Werkserfahrungen eine solche Erhöhung gestatten. Wegen dieser beiden Punkte sei daher auf den nächsten Abschnitt verwiesen.

Schließlich ist noch die Temperatur zu berücksichtigen, welcher der Baustoff im Betriebe tatsächlich ausgesetzt ist. Sofern diese 300° C wesentlich übersteigen sollte, ist die der jeweiligen Temperatur entsprechende Festigkeit in die Rechnung einzusetzen. Die Festigkeit des Schweißstahles beträgt:

Bei einer Temperatur von ° C	20	100	200	300	400	500	600
In Prozenten der Festigkeit bei 20° C.	100	104	112	116	96	76	42[1])

aa) Flußstahl. Die BVfLDK. schreiben als geringste Zugfestigkeit

3500 kg/cm² vor, jedoch als Berechnungsfestigkeit
3600 kg/cm². Allgemein werden angegeben:
3400 + 5000 kg/cm² [2]),
3400 + 4400 kg/cm² [3]) und
3300 + 4500 kg/cm² [1]) „roh".

Die TdzSp gibt für Zug Fall II 600 + 800 kg/cm², also im Mittel 700 kg an, was bei $K_z = 3400$ einer 4,86fachen Sicherheit entsprechen würde. Die BVfLDK. schreiben für Zylinder eine (höchste) Sicherheit von 4,75 vor, d. h. bei $K_z = 3600$ ein K_z von 758 kg/cm², allerdings bei einem konstanten Zuschlag von 1 mm, was bei Blechen unter 10 mm eine mindestens 10proz. Verstärkung darstellt. Bei Blechen mit $K_z = 3500$ entspricht dies einer Sicherheit von nur mehr 4,62, unterschreitet also die Sicherheiten der TdzSp. Bei Apparaten, die den BVfLDK. nicht unterliegen, ist daher die Weglassung des Zuschlages von 1 mm nicht zu empfehlen, da bei solchen Apparaten unter 10 mm kaum Bleche von höherer Festigkeit verwendet werden und über 10 mm,

[1]) Dubbel, Taschenbuch für den Maschinenbau 1924.
[2]) Freytag, Hilfsbuch für den Maschinenbau 1916.
[3]) Stephan, Die Technische Mechanik des Maschineningenieurs 1922.

wo dies eher zu erwarten ist, die Verstärkung durch den Zuschlag von 1 mm ja ständig abnimmt.

Bei gewölbten Vollböden schreiben die BVfLDK./27 (wie bei Zylindern) eine Berechnungsfestigkeit von 3500 kg/cm² bei 3,5facher Sicherheit und einen Zuschlag von 2 mm vor. Dieser Zuschlag gibt bei Blechstärken von 17,5 mm eine noch 14,5proz. Verstärkung, durch welche eine Sicherheit von $3{,}5 \cdot 1{,}145 = 4{,}00$ erreicht wird (also die für nahtlose Zylinder als zutreffend erkannte Sicherheit von 4,00 gewahrt bleibt). Bei stärkeren Blechen sinkt die Sicherheit im Krempengebiet. Will man den Wert von 4,00 nicht unterschreiten, so wird es sich empfehlen, die errechneten Blechstärken mit $\frac{1{,}145 \cdot s}{20} = 0{,}0573 \cdot s$ zu vervielfältigen, also um rund 5% zu erhöhen, wenn s die sich aus der Rechnung stärker als 17,5 mm ergebende Blechstärke ist. Hinsichtlich Einbeziehung der in den BVfLDK./27 vorgeschriebenen Zuschläge von 1 mm bei Zylindern und 2 mm bei gewölbten Böden gilt das bei Schweißstahl Gesagte. Die bei Böden mit seitlichen Mannloch-Ausschnitten vorgeschriebene Erhöhung des Zuschlages von 2 auf 3 mm kann auch bei Apparaten nicht in die Festigkeitsberechnung einbezogen werden, da es sich hier nicht um einen Abrostungszuschlag, sondern um einen die vergrößerte Spannung bei seitlichem Mannloch berücksichtigenden Zuschlag handelt.

Das Güteverhältnis der Naht, welches in die Rechnung einzuführen ist, hängt von der gewählten Verbindungsart und der Güte ihrer Ausführung ab. Es sind zu unterscheiden:

1. Nietung: Sie kann ausgeführt werden als Überlappungs-, einseitige Laschen- oder Doppellaschennietung[1]). Bei der überlappten und der einseitig gelaschten Nietnaht treten zusätzliche Biegungsbeanspruchungen im Blech auf, denen durch eine Erhöhung der Sicherheitszahl Rechnung zu tragen ist. Bei der Doppellaschennietung sind solche nur bei weniger sorgfältiger Ausführung zu erwarten. Der Verbindungswert einer Nietnaht hängt im hohen Maße von der Sorgfalt der Kesselschmiedearbeit ab. Insbesondere das Zurichten und die Bearbeitung der Bleche, das Biegen, Bördeln und Anrichten derselben, das Bohren und Aufreiben der Nietlöcher, das Verstemmen der Blechkanten u. ä. wird von wesentlicher

[1]) Siehe auch G. Hönnicke, Chem. App. XII. Jg., 1925, S. 83.

Bedeutung sein. Diesbezüglich sind die „Erläuterungen“ zu den BVfLDK./26 zu berücksichtigen, da unsachgemäße Ausführung den Verbindungswert einer sonst richtig berechneten Naht soweit herabsetzen kann, daß die angewendeten Formeln keine Geltung mehr haben. Das Güteverhältnis der Nietnähte liegt zwischen 0,56 und 0,85 je nach Art der gewählten Nietung. Diese, bei Beginn der Rechnung einzusetzenden Werte gelten jedoch nur schätzungsweise und müssen mit den sich nach Nietdurchmesser und Teilung tatsächlich ergebenden Werten übereinstimmen. Andernfalls ist die Rechnung neuerlich durchzuführen (siehe auch Seite 36).

2. Schweißung. Von ihr sagen die BVfLDK./26: „Schweißungen können als zuverlässig nur dann angesehen werden, wenn die Arbeit mit Sachkenntnis von zuverlässig arbeitenden Firmen und durch erfahrene Arbeiter ausgeführt wird, der Werkstoff gut schweißbar ist und die geschweißten Teile vor weiterer Verarbeitung ausgeglüht werden. Eckschweißungen von Böden, soweit sie erheblich auf Zug und Biegung beansprucht sind, sind nicht zulässig.“ Die Vorbedingungen für eine sorgfältige Ausführung der Schweißnaht sind hierbei neben zweckmäßig eingerichteten Arbeitsstätten nicht nur genügende Erfahrung hinsichtlich des eigentlichen Arbeitsvorganges, sondern vor allem zweckmäßige Auswahl des Werkstoffes, Kenntnis der metallurgischen Vorgänge beim Schweißen und sorgfältige Nachbehandlung der Schweißnaht. Hinsichtlich der Bewertung der einzelnen Schweißungsarten (Güteverhältnis) geben die BVfLDK./26 jeweils Ziffern an, deren kleinere „untere Zahlenwerte darstellen, wie sie als Erfahrungswerte bei guter, sachgemäß ausgeführter Durchschnittsarbeit angenommen werden dürfen“, deren größere „Höchstwerte sind, bis zu denen der Hersteller der Schweißung und des Kessels im Einverständnis mit dem zuständigen Sachverständigen gehen kann, wenn Verhältnisse vorliegen, welche die Anwendung höherer Werte rechtfertigen“. Es sind zu unterscheiden:

a) Feuerschweißung als Stumpf-, Keil- oder dgl. Schweißung. Sie wird in den BVfLDK./26 mit einem Güteverhältnis von 0,3, bei besonders guter Ausführung mit 0,6 bewertet, darf nach den BVfLDK. jedoch nicht auf Biegung beansprucht werden.

b) Feuerschweißung als überlappte Schweißung: Sie kann als Wassergas- oder Koksfeuerschweißung ausgeführt werden. Die Wassergasschweißung stellt nach den bisher vorliegenden Erfahrungen bei sorgfältiger Ausführung die zuverlässigste Schweißungsart für Bleche dar. Die überlappte Feuerschweißung wird in den BVfLDK./26 mit 0,7 bewertet; der unter günstigen Voraussetzungen anwendbare Höchstwert ist für Wassergasschweißung 0,9, für Koksfeuerschweißung 0,8. Wichtig ist, daß mit Wassergas überlappt geschweißte und auf Zug und Biegung beanspruchte Nähte zulässig sind, wenn das geschweißte Stück nachträglich ausgeglüht wird. Das gleiche gilt unter sonst günstigen Verhältnissen von guten Koksfeuer-Überlappungsschweißungen. Das sachgemäße Ausglühen der Schweißnähte vor weiterer Verarbeitung ist von grundlegender Bedeutung für die Güte und Haltbarkeit der Schweißnaht und von günstigstem Einfluß auf das Gefüge in der Naht und die Beseitigung von Wärmespannungen im geschweißten Werkstück. Das nachträgliche Ausglühen sollte daher grundsätzlich niemals unterlassen werden und darauf nur in Ausnahmefällen nach sorgfältiger Prüfung der vorliegenden Verhältnisse verzichtet werden.

c) Schmelzschweißung als Flammenschweißung (Autogenschweißung). Sie ist nach den BVfLDK./26 nur zulässig, wenn die Nähte auf Zug und nicht vorwiegend auf Biegung beansprucht werden, nach Anmeldung bei und im Einvernehmen mit dem zuständigen Sachverständigen mit großer Sorgfalt ausgeführt und auf Zug beanspruchte Nähte durch Laschen so verstärkt werden, daß die auf die Verbindung wirkenden Kräfte von den Laschen getragen werden können[1]).

Hierzu wird in den Erläuterungen zu den BVfLDK./27 bemerkt, daß die Vorschrift nach Sicherung der Schmelzschweißnähte durch Laschen oder andere gleichwertige Konstruktionsteile „hauptsächlich für größere Mäntel und andere größere Kesselteile gedacht ist und bei kleineren Kesseln, die mit ganz geringen Drücken arbeiten, und kleineren Kesselteilen, bei denen das Anbringen von Laschen zu Unzuträglichkeiten führt, es dem zuständigen Sachverständigen überlassen bleiben sollte, ob die Schweißung ohne Lasche zugelassen wird oder nicht“. Trotz dieser Milderung bleibt die bei Dampfkesseln wohl berechtigte Forderung nach Anbringung von Laschen u. ä. eine bedeutende Erschwerung für den Apparatebau, da bisher eine solche Verstärkung nicht

[1]) Siehe Holler, Chem. App. XIV. Jg., 1927, S. 28.

vorgeschrieben war und die Schmelzschweißung die im Apparatebau weitaus verbreitetste Verbindungsart ist. Es ist dringend erforderlich und zu erwarten, daß diesbezüglich eine baldige Milderung für minder- bis mittelbeanspruchte Apparate geschaffen wird, und bei solchen Apparaten (etwa bis 8 at Betriebsdruck) und bei vergüteter Schweißnaht (siehe unten) von der Forderung nach Anbringung von Laschen abgesehen wird. Bei größeren und höher beanspruchten oder Korrosionen ausgesetzten Apparaten wird man ohnehin die Feuerschweißung wählen.

Nicht klar ersichtlich ist, ob nach den BVfLDK. die Anfertigung eines gewölbten Kesselbodens aus mehreren, durch Schmelzschweißung verbundenen Teilen zulässig ist. Im gewölbten Teil eines solchen Bodens wird die Naht auf Zug beansprucht, während in der Krempe eine Biegungsspannung dazu kommt. Es ist anzunehmen, daß die Biegungsspannung nicht als „vorwiegend“ im Sinne der Vorschriften anzusehen ist, da sie eine der Zugbeanspruchung zusätzliche Spannung darstellt. Darauf würde übrigens auch hinweisen, daß nicht mehr von „Böden aus einem Stück“ gesprochen wird. Bei Berechnung solcher aus Teilen zusammengesetzter Böden ist dann jedenfalls das Güteverhältnis der gewählten Schweißungsart in die Rechnung einzuführen und die bei dieser Schweißungsart bei Zylindern als zutreffend erkannte Sicherheitszahl im Verhältnis der in den BVfLDK./27 vorgeschriebenen Sicherheitszahlen zu der bei Zylindern vorgeschriebenen Sicherheitszahl von 4,00 abzuändern (siehe auch Abschnitt V). Hinsichtlich der Bewertung sind zu unterscheiden:

α) Die unvergütete, geglühte Schmelzschweißnaht. Sie wird in den BVfLDK./26 mit 0,5 bewertet, unter günstigen Verhältnissen mit 0,55 und bei Ausbesserungsarbeiten in Sonderfällen und mit Einverständnis des Sachverständigen mit bis zu 1,00.

β) Die vergütete, geglühte Schmelzschweißnaht, deren Vergütung durch nachträgliches Durchschmieden des vorher entsprechend verstärkt aufgetragenen Schmelzstoffes in erneuerter Rotglut erfolgt. Sie wird in den BVfLDK./26 mit 0,65, in Sonderfällen (wie unter γ) mit bis zu 1,00 bewertet.

γ) Schmelzschweißung als elektrische Lichtbogenschweißung. Sie ist in ihrer Bewertung den zutreffenden Arten der Flammenschmelzschweißung gleich zu halten. Die bei ihr auftretenden Wärmespannungen sind jedoch geringer als bei jener.

Hinsichtlich der in den BVfLDK./26 vorgeschriebenen Bewertung der Schweißnähte wäre zu wünschen, daß bei minderbeanspruchten Apparaten eine Erhöhung über die jetzigen Ziffern von 0,55 und 0,65 gestattet wird, wenn nachgewiesen wird, daß im ausführenden Werk sicher und regelmäßig höhere Werte der ausgeführten Schweißnähte erreicht werden.

Schließlich ist noch die Temperatur zu berücksichtigen, der das Blech im Betriebe tatsächlich ausgesetzt sein wird. Steht zu erwarten, daß diese wesentlich höher als 300° C ist, so ist die Abnahme der Festigkeitseigenschaften des Flußstahles in der Rechnung zu berücksichtigen.

Die Festigkeit des Flußstahles beträgt:

Bei einer Temperatur von ° C	20	100	200	300	400	500	600
in Prozenten der Festigkeit bei 20° C	100	103	132	123	85	49	27[1])

b) Kupfer:

Nach den BVfLDK./26 kann, wenn größere Festigkeit nicht nachgewiesen wird, eine Zugfestigkeit von 2200 kg/cm² bei Temperaturen bis 100° C angenommen werden, die bei weichgeglühtem Zustande vorhanden sein soll.

Allgemein werden angegeben:

2200 ÷ 2300 kg/cm² für weiches Blech, steigend bis etwa 50% mehr, also
3300 ÷ 3450 „ bei fortgesetztem starken Hämmern[2]),
2200 ÷ 2400 „ geglüht und 2700—3000 kg in verdichtetem Zustand[3]) und
2000 ÷ 2300 „ gewalzt[1]).

Bei Zylindern findet sich in den BVfLDK./26 die Berechnungsfestigkeit nur für Schweißstahl und Flußstahl angegeben, für Kupfer fehlen diesbezügliche Angaben. Der betreffende Absatz gilt allerdings für zylindrische Dampfkesselwandungen. Bei Anwendung der Formel für Kupferzylinder müßte sinngemäß mit einer Berechnungsfestigkeit von 2200 kg/cm², einer Sicherheitszahl von (höchstens) 4,75 und einem konstanten Zuschlag von 1 mm gerechnet werden. Bei Kupfer verliert aber der für Eisen als Abrostungszuschlag gedachte Wert von 1 mm seine Bedeutung. Bei kup-

[1]) Dubbel, Taschenbuch für den Maschinenbau 1924.
[2]) Freytag, Hilfsbuch für den Maschinenbau 1916.
[3]) Stephan, Die Mechanik des Maschineningenieurs 1922.

fernen Apparaten kann ein gleichbleibender Zuschlag zu der nach der Festigkeitsrechnung bestimmten Wandstärke der sich fallweise als notwendig erweisenden Erhöhung der Blechstärke nicht gerecht werden, da chemische Einflüsse und besondere Beanspruchungen im Betriebe auch größere Zuschläge erfordern können, andererseits die Entscheidung, ob die sich aus der Festigkeitsrechnung ergebende Wandstärke „aus praktischen Gründen zu gering ist", sehr von der Größe und Aufstellungsart des Apparates abhängt. Es wird sich daher empfehlen, den Zuschlag von 1 mm zunächst wegzulassen und von Fall zu Fall die errechnete Blechstärke auf das jeweils erforderliche Maß zu erhöhen.

Die Sicherheitszahl soll dabei nicht unter 4,25 für nahtlose Zylinder, 4,75 für genietete und hartgelötete und 5,00 für durch Schmelzschweißung hergestellte Zylinder sein.

Bei Halbkugeln und gewölbten Böden gilt hinsichtlich des in den BVfLDK./27 vorgeschriebenen Zuschlages das gleiche wie bei Zylindern, nicht aber von der Verstärkung von 1 mm bei gewölbten Böden mit seitlichem Ausschnitt, Mannloch. Die oben für Zylinder angegebenen Sicherheitszahlen sind sinngemäß auch bei Kugelteilen zu verwenden und je nach Art und Anordnung der Durchbrechungen im Verhältnis der in den BVfLDK./27 für gewölbte Böden vorgeschriebenen Sicherheitszahlen abzuändern. Im übrigen müssen natürlich alle in den BVfLDK./27 vorgeschriebenen Zuschläge bei solchen Apparaten benützt werden, die der Verordnung unterliegen, solange nicht eigene Vorschriften für den Apparatebau erlassen und für Kupfer besondere Zuschläge vorgeschrieben werden.

Wegen der Bewertung der Verbindungsnähte ist außer der Nietung und der Gas-Schmelzschweißung noch die Hartlötung zu berücksichtigen. In den BVfLDK. findet sich die Hartlötung nicht erwähnt. Nach den in den „Erläuterungen" gegebenen Kennzeichen der Feuerschweißung einerseits und der Schmelzschweißung andererseits wäre die Hartlötung zwischen diese beiden Schweißungsarten einzureihen. Hausbrand[1]) sagt, daß „die überlappte und verschränkte Hartlötnaht bei guter Ausführung so dicht und fest wie das Blech ist". Da überdies beim Harthämmern, welches wegen der geringen Widerstandsfähigkeit des Kupfers im weichen (geglühten) Zustand stets vorgenommen

[1]) Hilfsbuch für den Apparatebau 1919.

wird, auch eine Verdichtung der Hartlötnaht erfolgt, kann ein Güteverhältnis der Hartlötnaht von 0,7 als zutreffend angesehen werden.

Bei der Gasschmelzschweißung sollte mit Rücksicht darauf, daß diese Schweißungsart bei Kupfer noch nicht so allgemein eingeführt ist und höhere Anforderungen an die Fertigkeit des ausführenden Arbeiters stellt, nicht über 0,5 für die geglühte und 0,6 für die geglühte und vergütete Gasschmelzschweißnaht gegangen werden, es sei denn, daß eigene Werkserfahrungen eine genügende Gewähr für tatsächlich erreichte höhere Festigkeiten bieten.

Bei Nietung kann gewählt werden: 0,6 für die einfache, 0,7 für die zweireihige Nietnaht.

Bei steigender Temperatur nimmt die Festigkeit des Kupfers rasch ab. In die Rechnung dürfen daher nur die der tatsächlichen Temperatur entsprechenden Festigkeitswerte eingesetzt werden. Die bezüglichen Ziffern sind in Abschnitt III enthalten. Bei überhitztem Wasserdampf von 250° C und mehr ist nach den BVfLDK./26 die Verwendung von Kupfer zu vermeiden.

c) Aluminium:

In den BVfLDK./26/27 finden sich keinerlei Angaben über Aluminium.

Allgemein werden angegeben: $K_z =$

1500 kg/cm² längs und 1400 kg/cm² quer zur Faser, „0,7 cm stark, gewalzt oder geschmiedet“[1]),
1000 „ „(98,5 ÷ 99% rein) gewalzt oder geschmiedet“[2]),
1130 „ „hartgewalztes Blech“[3]),
1160 „ „Aluminium“[4]),
1200 ÷ 1400 kg/cm² „Apparatebleche“[5]) und
900 ÷ 1100 „ „weiche Bleche beliebiger Stärke“[5]).

Es wird eine Berechnungsfestigkeit von 1130 kg/cm² gewählt.

Hinsichtlich der Sicherheitszahl und der Bewertung der Nähte sind nahtlose Gefäßteile einerseits und hammergeschweißte Nähte andererseits zu unterscheiden.

---

[1]) Freytag, Hilfsbuch für den Maschinenbau 1916.

[2]) Dubbel, Taschenbuch für den Maschinenbau 1924.

[3]) Zerreißversuche der Firmen Prager Maschinenbau-A.-G. und Schweißwerk Schlieren, unabhängig voneinander.

[4]) Ludwik, Zeitschr. f. phys. Ch. 1916.

[5]) Dauerversuche der Firmen Heddernheimer Kupferwerke und Süddeutsche Kabelwerke A.-G.

Die Hammerschweißung des Reinaluminiums (mit zunehmender Verunreinigung sinkt die Schweißbarkeit sehr rasch) erfolgt nach vorausgegangener und unter ständiger Erhitzung bis zum teigförmigen Zustand im Gasfeuer durch Hämmern auf erhitzter Unterlage und Durchkneten der Naht mit kleinen, balligen Hämmern und stellt eine der Wasser-Gasschweißung bei Eisen gleichwertige Verbindung dar. Bei ihrer Bewertung ist zu berücksichtigen, daß wegen der Weichheit und leichten Bearbeitbarkeit des Aluminiums auch mit verhältnismäßig geringen Mitteln eine gute Ausführung der Schweißnähte zu erreichen ist. Ein Güteverhältnis von 0,75 kann daher für die Hammerschweißnaht bei Reinaluminium als den mit solchen Nähten gemachten Erfahrungen entsprechend angesehen werden.

Die Sicherheitszahl wird bei nahtlosen Gefäßteilen mit 4,5, bei hammergeschweißten Nähten mit 5,00 gewählt. Bei Kugelteilen ist die jeweils zutreffende der beiden Sicherheitszahlen je nach Art und Anordnung der Durchbrechungen im Verhältnis der für Eisenböden in den BVfLDK./27 hierfür vorgeschriebenen Werte abzuändern bzw. der dort für seitliche Mannlöcher angegebene Zuschlag von 3 — 2 = 1 mm anzuwenden. Fallweise erforderliche Erhöhungen der nach den Festigkeitsbedingungen errechneten Blechstärke sind, wenn sich dieselbe als praktisch zu gering oder wegen zusätzlicher Beanspruchungen als zu schwach erweist, jeweils vorzunehmen.

Die Festigkeit des Aluminiums nimmt bei steigender Temperatur in noch höherem Maße als die des Kupfers ab und dürfen auch hier in die Rechnung nur Festigkeitsziffern eingesetzt werden, die der tatsächlich vorhandenen Temperatur entsprechen. Die bezüglichen Ziffern sind in Abschnitt III enthalten.

B. Druckbeanspruchungen.

Treten bei Zylinder- und Kugelteilen bei Außendruck ein nach Abb. 7.

Die Bemessung nach der Druckbeanspruchung allein genügt jedoch nicht, da bei den verhältnismäßig geringen Wandstärken der gewalzten Baustoffe die Gefahr einer Einbeulung besteht und die Einbeulungsspannung in den meisten Fällen die größere ist. Es muß daher in jedem Fall geprüft werden, welche der beiden Beanspruchungen die größere Wandstärke ergibt.

Weiter muß wieder untersucht werden, wieweit durch die Herstellungsart eine Schwächung des Bleches am fertigen Apparat gegenüber der ursprünglichen und der Berechnung zugrunde gelegten Blechstärke bei durch Handarbeit hergestellten Kugelteilen aus Kupfer und Aluminium erfolgen kann. Hierbei muß den gedruckten und gezogenen Kugelteilen besonderes Augenmerk zugewendet werden.

Da jede Abflachung eine wesentliche Begünstigung der Einbeulung darstellt, ist die Art der Naht hierauf zu untersuchen. Am ungünstigsten sind hierbei überlappte Nietnähte, am günstigsten die gehämmerte Hartlötnaht und die geglühte und gut abgehämmerte Schweißnaht.

Wegen der Abflachung ist auch die von der Herstellungsart und der Sorgfalt des Ausrichtens abhängige Abweichung von der reinen Kreisform zu berücksichtigen, deren Größe ein gewisses Maß nicht überschreiten darf. Bei Zylindern liegen die Verhältnisse in dieser Hinsicht in der Regel günstiger als bei Kugeln, insbesondere bei solchen, die durch Handarbeit aus Kupfer und Aluminium hergestellt wurden.

Von wesentlichem Einfluß ist weiter die Härte des Baustoffes im fertigen Zustande. Aus diesem Grunde ist bei Kupfer und Aluminium auf ein genügend weitgehendes Abhämmern zu achten, da die Berechnung der Einbeulungsspannung sich annähernd auf der Quetschgrenze aufbaut, diese aber nicht mehr den Annahmen der Formel entspricht,

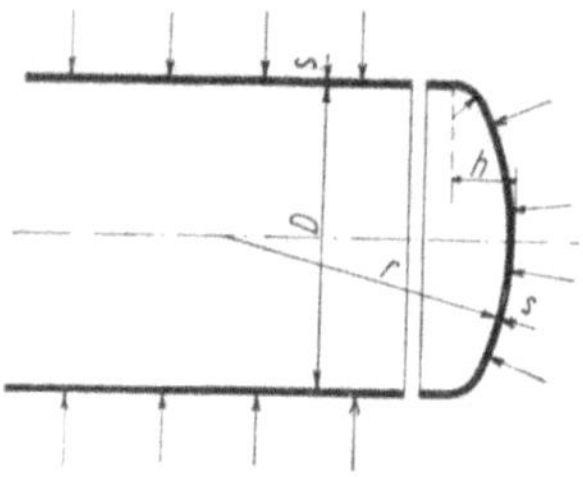

Abb. 7.

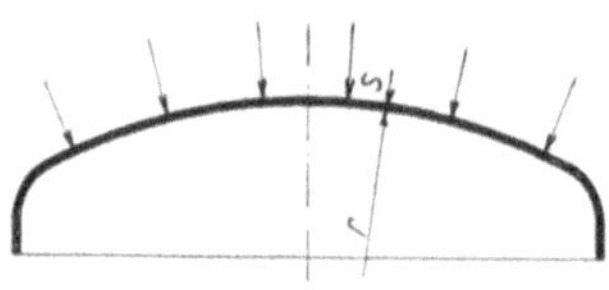

Abb. 8.

wenn das Blech wegen zu mangelhaftem Hämmern weich geblieben ist. Kupfer und Aluminium sind in geglühtem und ungehämmertem Zustand gegen Druck und Einbeulung ganz ungemein widerstands**un**fähig, und es ist daher hier in noch höherem Maße als bei Zug von Wichtigkeit, daß schon beim Entwurf hinsichtlich Formgebung, Anordnung der Stutzen,

Mannlöcher usw. darauf geachtet wird, daß alle Stellen für das Harthämmern leicht zugänglich werden.

Bei Kugelteilen ist die Art der Einspannung von Bedeutung. Hier müssen drei Hauptbauarten unterschieden werden:

1. Der Kugelboden mit Übergang in einem zylindrischen Teil nach Abb. 8. Er bedarf keiner besonderen Berücksichtigung, wenn der Krempenhalbmesser genügend groß ist, um einen ausreichend allmählichen Übergang vom zylindrischen in den kugeligen Teil zu ermöglichen.

2. Die mit Bord eingespannte Halbkugel nach Abb. 9. Hier ist zu untersuchen, ob die Einspannungswirkung der Flanschen nahe genug an den kugeligen Teil heranreicht, ob beim Übergang des Kugelteiles in den Bord keine Abflachung durch größeren Halbmesser oder Kegelform besteht und ob auch der knapp unter dem Gelenk liegende Teil und dieses selbst gut abgehämmert sind. Bestehen diese Voraussetzungen nicht, was bei weniger sorgfältiger Arbeit vorkommen kann, so tritt unterhalb des Gelenkes und im Bord eine Erhöhung der Einbeulungsgefahr auf, und die sonst gültigen Formeln geben keine genügende Sicherheit mehr.

3. Der flache Kugelteil mit Bord nach Abb. 10. Diese Bauart begünstigt geradezu die Einbeulung. Sie wird im übrigen immer mehr durch den Kugelboden mit kurzem zylindrischem Teil ersetzt. Wo sie trotzdem angewendet

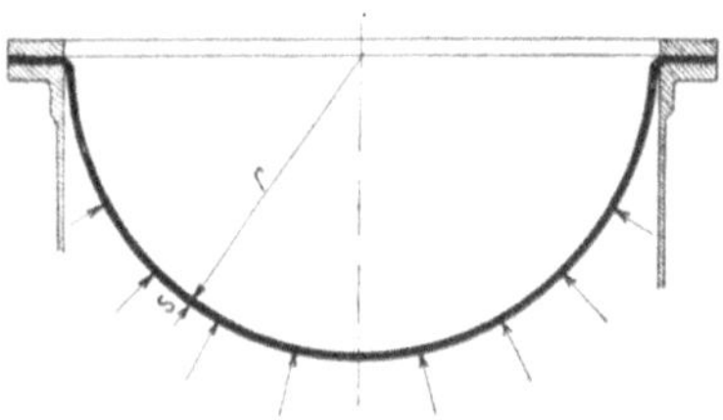

Abb. 9.

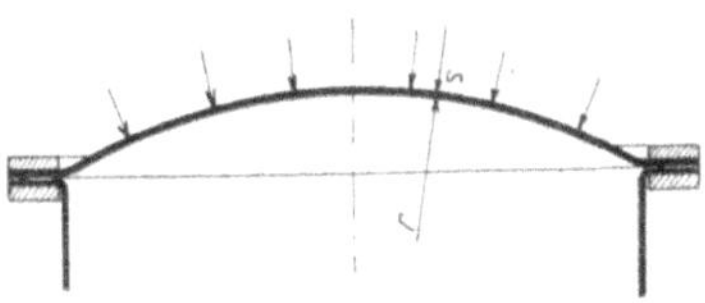

Abb. 10.

werden muß, sind die sonst gültigen Wandstärken entsprechend zu erhöhen, etwa auf das 1,3fache.

d) Schweißstahl:

Für k werden angegeben:

600 kg/cm² in der TdzSp. mit der Anmerkung, daß diese Ziffer nur gilt, wenn die Normalspannung in der Sehnenrichtung wirkt[1]),

[1]) **Freytag**, Hilfsbuch für den Maschinenbau.

$750 \div 900$ kg/cm² längs und $650 \div 800$ kg/cm² quer zur Walzrichtung bei ruhender Belastung für geglühtes Schweißeisen[1]). Hiernach ist auch bei Druck die Festigkeit quer zur Faser nur etwa 0,87 derjenigen längs zur Faser und der zutreffende Wert der TdzSp. wird dann $0,87 \cdot 600 = 522$ kg/cm².

Die BVfLDK. behandeln bei Druck nur Flußeisenböden und geben hierfür ein k von 650 kg an, während sie bei Zug für Flußeisen den gleichen Wert, für Schweißeisen aber 500 kg vorschreiben. Da auch die TdzSp. bei jedem der beiden Baustoffe gleiche Werte für Zug und Druck angibt und bei beiden Beanspruchungsarten gleiche Sicherheitswerte vorausgesetzt werden müssen, kann innerhalb der hier in Betracht kommenden Grenzen auch $K = Kz$ gesetzt werden, und es ergibt sich mit den Werten der BVfLDK. für Flußeisen eine Sicherheit von $\frac{3600}{650} = 5{,}54$ und mit der gleichen Sicherheit für Kugelböden aus Schweißeisen ein k von $\frac{2800}{5{,}54} = 504$, also rund 500 kg/cm². Die für Flußeisen geltenden Werte können dann für Schweißeisen verwendet werden, wenn sie mit einem, das Verhältnis der Festigkeiten berücksichtigenden Faktor von $\frac{650}{500} = 1{,}3$ vervielfältigt werden. Dies muß bei der Berechnung der Einbeulungsspannung geschehen, da die hierzu notwendige Formel nur für Flußeisen angegeben ist.

Für Zylinder gilt die in den BVfLDK. vorgeschriebene Bachsche Flammrohrformel, in deren Nenner von 2400 ein k von 600 kg/cm² als „zulässige Beanspruchung des Baustoffes in den Niet- und Schweißnähten“[2]) enthalten ist. Ob es sich hierbei um Schweiß- oder Flußeisen handelt, wird nicht ausdrücklich angegeben, jedoch beträgt die Sicherheit dieser Formel ohne den in den BVfLDK. vorgeschriebenen Zuschlag von 2 mm noch ca. 5,34[1]). Um auch bei Apparaten, die den BVfLDK. nicht unterliegen, bei Schweißeisen diesen Wert nicht zu unterschreiten, möge der Zuschlag von 2 mm nicht immer weggelassen, sondern bloß bei sonst günstigen Verhältnissen auf 1 mm erniedrigt werden.

---

[1]) Stephan, Die technische Mechanik des Maschineningenieurs.
[2]) Bach, Die Maschinenelemente.

dd) Flußstahl:

Für k werden angegeben:

600 ÷ 800 kg/cm² nach der TdzSp. und

650 kg/cm² für Kugelböden nach den BVfLDK.

Für Zylinder gilt die Bachsche Flammrohrformel mit dem Nenner von 2400 und einem Zuschlag von 2 mm, der bei Apparaten, die den BVfLDK. nicht unterliegen, und sonst günstigen Verhältnissen mit Rücksicht auf die genügende Sicherheit dieser Formel (siehe vorigen Absatz d) fortfallen kann.

Für die Einbeulungsspannung der Kugelböden gilt die nach Versuchen von Bach aufgestellte, in den BVfLDK. vorgeschriebene Formel. Eine Verringerung dieser Werte ist nicht zu empfehlen.

e) Kupfer (hartgehämmert, Normaltemperatur):

Für Kugeln schreiben die BVfLDK. ein k von 400 kg/cm² und für die Einbeulungsspannung die nach Versuchen von Bach für Kupfer aufgestellte Formel vor.

Bei Zylindern kann durch Einführung von $k = 400$ an Stelle des für Schmiedeeisen geltenden Wertes von 600 in den ersten, die Druckanstrengung berücksichtigenden Teil der Bachschen Flammrohrformel diese der Festigkeit des Kupfers angepaßt werden[1]). Bezüglich Berücksichtigung der Temperatur siehe Abschnitt III.

f) Aluminium (hartgehämmert, Normaltemperatur):

Für die zulässige Druckanstrengung kann $k = 205$ kg/cm² gesetzt werden, für die Einbeulungsspannung der Kugelböden haben die Versuche, die in ähnlicher Weise wie von Bach für Flußeisen und Kupfer durchgeführt wurden, die zutreffenden Werte ergeben.

Bei Zylindern kann durch Einführung von $k = 205$ an Stelle des für Schmiedeeisen geltenden Wertes von 600 in den ersten, die Druckanstrengung berücksichtigenden Teil der Bachschen Flammrohrformel diese der Festigkeit des Aluminiums angepaßt werden[1]).

Bezüglich Berücksichtigung der Temperatur siehe Abschnitt III.

---

[1]) Melhardt, Chem. App. XIV. Jg., 1927, S. 169.

III. Festigkeitsabnahme bei Temperatursteigerung.

Schweiß- und Flußstahl: Die bei Temperaturen über 300° C (bei Kugelteilen auf Außendruck über 200° C) zu berücksichtigende Abnahme der Festigkeit wurde bereits in Abschnitt II/A behandelt (Seite 17 und 22).

Kupfer: Die Festigkeit des Kupfers nimmt bei steigender Temperatur rasch ab, wobei die Abnahme schon bei verhältnismäßig niedrigen Temperaturen einsetzt.

Nach den BVfLDK./26 ist die Berechnungsfestigkeit bei Temperaturen über 100° C für je 20° Temperaturerhöhung um 100 kg/cm² zu verringern, über 250° C ist die Verwendung von Kupfer (bei überhitztem Wasserdampf) zu vermeiden.

Die Festigkeit in Prozenten derjenigen bei Normaltemperatur beträgt:

Bei ° C	50	100	150	160	200	250	285	300	367	400	410	451	555
Kupfer, bei 600° C geglüht . . .				81				58			37		21[1])
Kupferblech	98	95	91		85	79	75		66			51	33[2])

Nach Versuchen von Stribek[3]) nimmt die Bruchfestigkeit bei längerer Belastungsdauer (bis 30 Stunden) mit wachsender Temperatur rascher ab als bei der gewöhnlichen Belastungsdauer. Zwischen 300 und 400° C beträgt sie nur die Hälfte des Wertes für gewöhnliche Belastungsdauer. Hiernach wäre bei Dauerbelastung die Festigkeit bei 350° nicht 68, sondern bloß etwa 34% der Festigkeit bei Normaltemperatur. Zeichnet man von dem diesem Werte entsprechenden Punkte′(Tafel I) ausgehend eine den übrigen Linien für Kupfer ähnliche Kurve, so ergeben sich angenähert die Werte der Festigkeit bei Dauerbelastung für Temperaturen unter 350° C. Die Kurve kann natürlich nur als ungefährer Anhalt dienen, da von ihr nur zwei Punkte (100% und etwa 34%) bekannt sind, wobei die Angabe für den zweiten keinen Anspruch auf Genauigkeit machen kann.

---

[1]) Hütte, 25. Aufl., Bd. I, S. 547, nach Ludwik, Z. d. VDI. 1915, S. 657.
[2]) Desgl. S. 550.
[3]) Hütte, 25. Aufl., Bd. I, S. 550, nach Z. d. VDI. 1904, S. 897.

Diagramm I.

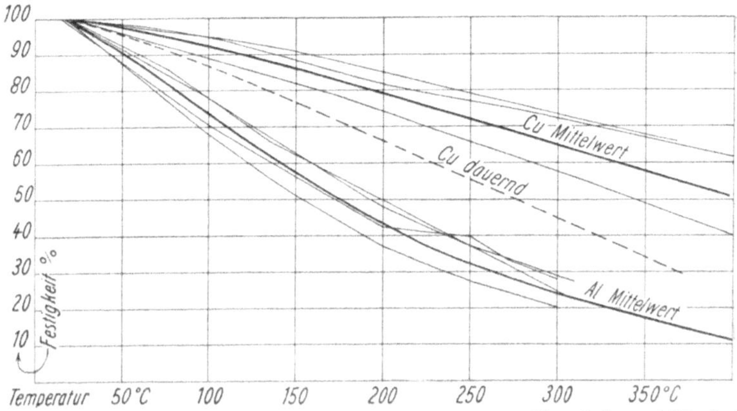

Abnahme der Festigkeit von Kupfer (Cu) und Aluminium (Al) bei Temperaturerhöhung.

(Die dünnen Linien entsprechen den Literatur- und Versuchswerten, die starken Linien den hieraus für die Berechnung gewählten Mittelwerten, die unterbrochene Linie den bei dauernder Einwirkung der höheren Temperatur wahrscheinlichen Werten der Festigkeit.)

Aluminium: Die Festigkeitsabnahme des Aluminiums ist noch empfindlicher als die des Kupfers.

Die Festigkeit in Prozenten derjenigen bei Normaltemperatur beträgt:

Bei °C	75	100	135	200	250	270	300	310	403	520
Aluminium, bei 350° C geglüht	86		66					22	11	5[1])
Aluminiumblech gewalzt		71		43	40	34	28[2])			

In Diagramm I sind für Kupfer und Aluminium die den einzelnen Temperaturstufen entsprechenden Festigkeitswerte in Prozenten der Festigkeit bei Normaltemperatur eingezeichnet. Die einzelnen Punkte der dünn gezeichneten Linien entsprechen den verschiedenen Literatur- und Versuchswerten, die stark gezeichneten Kurven den der Tabelle I zugrunde gelegten Mittelwerten. Die unterbrochene Kurve stellt die Annäherungswerte für Dauerbelastung bei Kupfer

[1]) Hütte, 25. Aufl., Bd. I, S. 547, nach Ludwik, Z. d. VDI. 1915, S. 657.

[2]) Zerreißversuche der Firmen Prager Maschinenbau A.-G. und Schweißwerk Schlieren (unabhängig voneinander).

Tabelle I.

Festigkeitsabnahme bei Temperaturerhöhung:

Werte von α_1 und $\frac{1}{\alpha_1}$ für Kupfer, α_2 und $\frac{1}{\alpha_2}$ für Aluminium.

Temperatur		Kupfer				Aluminium	
				Bei Dauerbelastung			
°C t	at p	α_1	$\frac{1}{\alpha_1}$	α_d	$\frac{1}{\alpha_d}$	α_2	$\frac{1}{\alpha_2}$
50		0,98	1,02	0,93	1,07	0,90	1,11
100		0,93	1,08	0,87	1,16	0,74	1,36
110,7	0,5	0,91	1,10	0,85	1,18	0,70	1,43
119,6	1	0,90	1,11	0,83	1,21	0,67	1,49
130		0,89	1,13	0,81	1,23	0,64	1,56
132,8	2	0,88	1,14	0,80	1,25	0,63	1,59
140		0,88	1,15	0,79	1,27	0,61	1,64
142,8	3	0,87	1,15	0,78	1,28	0,60	1,68
151	4	0,86	1,16	0,77	1,31	0,58	1,74
157,9	5	0,86	1,17	0,76	1,33	0,55	1,82
160		0,85	1,18	0,75	1,34	0,55	1,84
164	6	0,84	1,19	0,74	1,36	0,53	1,89
169,5	7	0,83	1,20	0,73	1,38	0,52	1,94
174,4	8	0,83	1,21	0,72	1,40	0,50	2,00
178,9	9	0,82	1,22	0,71	1,42	0,49	2,04
183,1	10	0,82	1,23	0,70	1,43	0,48	2,08
186,9	11	0,81	1,24	0,69	1,45	0,47	2,13
190,6	12	0,81	1,24	0,68	1,47	0,46	2,17
194	13	0,80	1,25	0,67	1,48	0,45	2,22
197,2	14	0,80	1,26	0,67	1,49	0,44	2,28
200,3	15	0,79	1,27	0,66	1,52	0,42	2,30
210		0,78	1,28	0,64	1,56	0,41	2,44
220		0,76	1,32	0,62	1,61	0,39	2,60
230		0,75	1,34	0,60	1,67	0,36	2,78
240		0,74	1,36	0,58	1,72	0,34	2,95
250		0,72	1,39	0,55	1,82	0,32	3,13
260		0,71	1,42	0,53	1,89	0,31	3,28
270		0,69	1,45	0,51	1,96	0,29	3,45
280		0,68	1,47	0,49	2,04	0,27	3,71
290		0,66	1,51	0,47	2,13	0,25	4,00
300		0,65	1,54	0,45	2,23	0,24	4,17
310		0,63	1,59	0,42	2,38		
320		0,62	1,61	0,40	2,50		
330		0,60	1,67	0,38	2,63		
340		0,59	1,70	0,36	2,78		
350		0,58	1,72	0,34	2,95		

p = Überdruck des gesättigten Wasserdampfes bei der Temperatur t. Tatsächliche Temperaturverhältnisse im Betrieb berücksichtigen! Reaktionswärmen! Bei Dampfmänteln arithmetisches Mittel aus Dampf- und höchster Flüssigkeitstemperatur!

dar. In Tabelle I sind die Temperaturstufen bis 200° C den zugehörigen Sattdampfdrücken entsprechend gewählt, da für die Berechnung in vielen Fällen die Temperatur (und damit die Spannung) des Heizdampfes maßgebend sein wird. α_1 und α_2 geben die verringerte Festigkeit bei den einzelnen Temperaturen für Kupfer und Aluminium, $\frac{1}{\alpha_1}$ und $\frac{1}{\alpha_2}$ die zur Berücksichtigung dieser Festigkeitsabnahme in die Rechnung einzuführenden Reziprokwerte dieser Zahlen an. (Siehe Abschnitte IV/2s, 3k, 5b, 6b, 8f, 9d, 11c und 12c.)

Es sind hierbei jedoch immer die im Betriebe tatsächlich herrschenden bzw. die höchstmöglichen Temperaturen (z. B. Reaktionswärmen) zu berücksichtigen. Andererseits ist zu bedenken, daß das Blech nicht immer den im Betriebe bestehenden Temperaturen auch wirklich ausgesetzt sein muß. So wird z. B. bei dampfgeheizten Doppelmantelapparaten das Blech in der Regel nicht die Temperatur des Heizdampfes, sondern eine zwischen dieser und der Temperatur des Kochgutes liegende annehmen.

IV. Formeln und Ableitungen.

Es bezeichnet:

K = die Druckfestigkeit in Kilogramm/Quadratzentimeter,
K_z = die Zugfestigkeit in Kilogramm/Quadratzentimeter,
k = die zulässige Druckbeanspruchung in Kilogramm/Quadratzentimeter,
k_z = die zulässige Zugbeanspruchung in Kilogramm/Quadratzentimeter,
s = die Wandstärke in Millimeter,
R = den inneren Wölbungshalbmesser gewölbter Böden bei Innendruck in Millimeter,
r = den inneren Krempenhalbmesser gewölbter Böden bei Innendruck in Millimeter,
r = den äußeren Wölbungshalbmesser bei Kugelteilen auf Außendruck in Millimeter,
p = den Betriebsdruck in Atmosphären,
v = das Güteverhältnis der Schweiß-, Löt- oder Nietnaht,
x = die Sicherheitszahl,
y = einen die Bodenform bei gewölbten Böden berücksichtigenden Zahlenwert,

h = die Höhe der Bodenwölbung einschließlich der Wanddicke in Millimeter,
c = einen Zuschlag zu der nach der Festigkeitsrechnung ermittelten Blechstärke,
z = einen die Abweichung von der geometrischen Form berücksichtigenden Zahlenwert,
w = einen die Schwächung des Bleches bei der Herstellung berücksichtigenden Zahlenwert,
D = den Durchmesser in Millimeter.

1. Schweißstahlblech-Kugelteile bei Innendruck:

a) Allgemeine Formel:

$$s = \frac{p \cdot D \cdot x \cdot y}{2 \cdot K_z \cdot v} + c. \quad (1)$$

b) Gewölbte Böden, $R = D$, $r = 0{,}1\,D$, aus Teilen mittels vergüteter Schmelzschweißnaht ($v_1 = 0{,}65$) zusammengesetzt, mit kleinen, durch Verstärkungen ausgeglichenen Durchbrechungen, jedoch ohne Mannloch:

$$\left.\begin{aligned}\text{Tabellenwert } s_1 &= \frac{p \cdot D \cdot x_1 \cdot y}{2 \cdot K_z \cdot v_1} + c_1 = \frac{p \cdot D \cdot 4{,}5 \cdot 1{,}6}{2 \cdot 3300 \cdot 0{,}65} + 2 \\ &= 0{,}00168 \cdot D \cdot p + 2 \text{ mm.}\end{aligned}\right\} \quad (2)$$

c) Wie unter b), jedoch mit mittlerem Mannloch:

$$\left.\begin{aligned}s_2 &= \frac{p \cdot D \cdot x_2 \cdot y}{2 \cdot K_z \cdot v_1} + c_1 = \frac{p \cdot D \cdot 5{,}1 \cdot 1{,}6}{2 \cdot 3300 \cdot 0{,}65} + 2 \\ &= 0{,}0019 \cdot D \cdot p + 2 \text{ mm} = 1{,}13 \cdot (s_1 - 2) + 2 \text{ mm.}\end{aligned}\right\} \quad (3)$$

d) Wie unter b), jedoch mit seitlichem Mannloch:

$$\left.\begin{aligned}s_3 &= \frac{p \cdot D \cdot x_3 \cdot y}{2 \cdot K_z \cdot v_1} + c_2 = \frac{p \cdot D \cdot 4{,}5 \cdot 1{,}6}{2 \cdot 3300 \cdot 0{,}65} + 3 \text{ mm} \\ &= 0{,}00215 \cdot D \cdot p + 3 \text{ mm} = 1{,}20 \cdot (s_1 - 2) + 3 \text{ mm.}\end{aligned}\right\} \quad (4)$$

e) Aus einem Stück, sonst wie bei b):

$$\left.\begin{aligned}s_4 &= \frac{p \cdot D \cdot x_4 \cdot y}{2 \cdot K_z \cdot v_2} + c_1 = \frac{p \cdot D \cdot 3{,}75 \cdot 1{,}6}{2 \cdot 3300 \cdot 1} + 2 \text{ mm} \\ &= 0{,}00091 \cdot D \cdot p + 2 \text{ mm} = 0{,}54 \cdot (s_1 - 2) + 2 \text{ mm.}\end{aligned}\right\} \quad (5)$$

f) Aus einem Stück, sonst wie bei c):

$$\left.\begin{aligned}s_5 &= \frac{p \cdot D \cdot x_5 \cdot y}{2 \cdot K_z \cdot v_2} + c_1 = \frac{p \cdot D \cdot 4{,}25 \cdot 1{,}6}{2 \cdot 3300 \cdot 1} + 2 \\ &= 0{,}00103 \cdot D \cdot p + 2 \text{ mm} = 0{,}61 \cdot (s_1 - 2) + 2 \text{ mm.}\end{aligned}\right\} \quad (6)$$

g) Aus einem Stück, sonst wie bei d):

$$\left.\begin{aligned} s_6 &= \frac{p \cdot D \cdot x_6 \cdot y}{2 \cdot K_z \cdot v_2} + c_2 = \frac{p \cdot D \cdot 4{,}5 \cdot 1{,}6}{2 \cdot 3300 \cdot 1} + 3 \\ &= 0{,}00109 \cdot D \cdot p + 3 \text{ mm} = 0{,}65 \cdot (s_1 - 2) + 3 \text{ mm}. \end{aligned}\right\} \quad (7)$$

(Eine Zusammenstellung aller in den BVfLDK./27 auch für anders geformte Böden vorgeschriebenen Werte für x und y befindet sich in Abschnitt V).

1a. Flußstahlblech-Kugelteile bei Innendruck:

a) Allgemeine Formel:

$$s = \frac{p \cdot D \cdot x \cdot y}{2 \cdot K_z \cdot v} + c. \quad (8)$$

b) Gewölbte Böden, $R = D$, $r = 0{,}1\,D$, aus einem Stück mit kleinen, durch Verstärkungen ausgeglichenen Durchbrechungen, jedoch ohne Mannloch

$$\left.\begin{aligned} \text{Tabellenwert } s_7 &= \frac{p \cdot D \cdot x_4 \cdot y}{2 \cdot K_z \cdot v_2} + c_1 = \frac{p \cdot D \cdot 3{,}75 \cdot 1{,}6}{2 \cdot 3600 \cdot 1} + 2 \\ &= 0{,}00084 \cdot D \cdot p + 2 \text{ mm}. \end{aligned}\right\} \quad (9)$$

c) Aus Teilen mittels Feuerschweißung ($v_3 = 0{,}7$) zusammengesetzt, sonst wie bei b):

$$\left.\begin{aligned} s_8 &= \frac{p \cdot D \cdot x_7 \cdot y}{2 \cdot K_z \cdot v_3} + c_1 = \frac{p \cdot D \cdot 4{,}0 \cdot 1{,}6}{2 \cdot 3600 \cdot 0{,}7} + 2 \\ &= 0{,}00127 \cdot D \cdot p + 2 \text{ mm} = 1{,}52 \cdot (s_7 - 2) + 2 \text{ mm}. \end{aligned}\right\} \quad (10)$$

d) Aus Teilen mittels Nietung zusammengesetzt, sonst wie bei b):

$$\left.\begin{aligned} s_9 &= \frac{p \cdot D \cdot x_8 \cdot y}{2 \cdot K_z \cdot v_4} + c_1 = \frac{p \cdot D \cdot x_8 \cdot 1{,}6}{2 \cdot 3500 \cdot v_4} + 2 \\ &= 0{,}000222 \cdot D \cdot p \cdot \frac{x_7}{v_4} + 2 = 0{,}27 \cdot (s_7 - 2) \cdot \frac{x_7}{v_4} + 2 \text{ mm}. \end{aligned}\right\} \quad (11)$$

Hierbei ist x_7 zu wählen: 4,5 bei überlappten und einseitig gelaschten Nähten, 4,00 bei zweireihigen, doppelt gelaschten Nähten, deren eine Lasche nur einreihig genietet ist, 3,75 bei mehrreihigen, doppelt gelaschten Nähten, während v_4 der gewählten Nietart entsprechend zu wählen ist.

Eine weitere Vereinfachung der Berechnung genieteter Gefäße ist in den einzelnen Tabellen durchgeführt, indem der jeweils zutreffende Bruch $\frac{x}{v}$ durch die Umrechnungszahl u ersetzt ist, deren Wert für die einzelnen Nietungsarten und Bauformen aus nachstehender Tabelle II zu entnehmen ist.

Tabelle II.

Werte für Güteverhältnis v_4 und Umrechnungszahl $u = \frac{x_n}{v_4}$ bei Nietung:

Nietungsart		v_4	u bei gewölbten Böden: ohne Mannloch für s_9	u bei gewölbten Böden: mit mittlerem Mannloch für s_{13}	u bei gewölbten Böden: mit seitlichem Mannloch für s_{17}	u bei Zylindern für s_{48}, s_{32}
Überlappt od. einseitig gelascht	einreihig	0,56	2,18	2,18	2,33	1,16
	zweireihig	0,70	1,75	1,75	1,86	0,93
	dreireihig	0,75	1,63	1,63	1,73	0,87
Doppelt gelascht	einreihig	0,59	1,83	1,83	1,79	0,99
	zweireihig	0,75	1,44	1,44	1,41	0,78
	dreireihig	0,85	1,19	1,19	1,27	0,65

Die Werte von v_4 gelten nur als Schätzungsziffern für den Beginn der Berechnung der Nietverbindung und müssen nach deren Durchführung mit den sich nach Nietdurchmesser und Teilung tatsächlich ergebenden Werten übereinstimmen. Andernfalls ist die Rechnung erneut durchzuführen!

e) Aus Teilen durch vergütete Schmelzschweißnaht ($v_1 = 0,65$) zusammengesetzt, sonst wie bei b):

$$\left.\begin{aligned} s_{10} &= \frac{p \cdot D \cdot x_1 \cdot y}{2 \cdot K_z v_1} + c_1 = \frac{p \cdot D \cdot 4,5 \cdot 1,6}{2 \cdot 3600 \cdot 0,65} + 2 \\ &= 0,00145 \cdot D \cdot p + 2\ \text{mm} = 1,85 \cdot (s_7 - 2) + 2\ \text{mm}. \end{aligned}\right\} \quad (12)$$

f) Gewölbte Böden, $R = D$, $r = 0,1\,D$, aus einem Stück, mit kleinen, durch Verstärkungen ausgeglichenen Durchbrechungen und mittlerem Mannloch:

$$\left.\begin{aligned} \text{Tabellenwert}\ s_{11} &= \frac{p \cdot D \cdot x_5 \cdot y}{2 \cdot K_z \cdot v_2} + c_1 = \frac{p \cdot D \cdot 4,25 \cdot 1,6}{2 \cdot 3600 \cdot 1} + 2 \\ &= 0,000945 \cdot D \cdot p + 2\ \text{mm}. \end{aligned}\right\} \quad (13)$$

(In der Buchausgabe wurden die ursprünglich vorgesehenen eigenen Tabellen für s_{11} und s_{15} durch auf den Tabellenwert s_7

(Tabelle 2) bezogene Umrechnungswerte ersetzt. Sinngemäß sind dann auch die Umrechnungswerte der Tabelle 2 für die Fälle g) bis i) und l) bis n) nicht auf s_{11} und s_{15}, sondern auf den Tabellenwert s_7 bezogen.)

g) Aus Teilen mittels Feuerschweißung ($v_3 = 0{,}7$) zusammengesetzt, sonst wie bei f):

$$\left.\begin{aligned} s_{12} &= \frac{p \cdot D \cdot x_9 \cdot y}{2 \cdot K_z \cdot v_3} + c_1 = \frac{p \cdot D \cdot 4{,}5 \cdot 1{,}6}{2 \cdot 3600 \cdot 0{,}7} + 2 \\ &= 0{,}00143 \cdot D \cdot p + 2\text{ mm} = 1{,}52\,(s_{11} - 2) + 2\text{ mm.} \end{aligned}\right\} \quad (14)$$

h) Aus Teilen mittels Nietung zusammengesetzt, sonst wie bei f):

$$\left.\begin{aligned} s_{13} &= \frac{p \cdot D \cdot x_{10} \cdot y}{2 \cdot K_z \cdot v_4} + c_1 = \frac{p \cdot D \cdot 1{,}6 \cdot x_{10}}{2 \cdot 3600 \cdot v_4} + 2 \\ &= 0{,}000222 \cdot D \cdot p \cdot \frac{x_{10}}{v_4} + 2\text{ mm} \\ &= 0{,}24 \cdot (s_{11} - 2) \cdot \frac{x_{10}}{v_4} + 2\text{ mm.} \end{aligned}\right\} \quad (15)$$

Hierbei ist x_{10} zu wählen: 5,1 bei überlappten und einseitig gelaschten Nähten, 4,5 bei zweireihigen, doppelt gelaschten Nähten, deren eine Lasche nur einreihig genietet ist, 4,25 bei mehrreihigen, doppelt gelaschten Nähten, während v_4 der gewählten Nietart entsprechend zu wählen ist. (Siehe Tabelle II, Seite 36.)

i) Aus Teilen mittels vergüteter Schmelzschweißnaht ($v_1 = 0{,}65$) zusammengesetzt, sonst wie bei f):

$$\left.\begin{aligned} s_{14} &= \frac{p \cdot D \cdot x_2 \cdot y}{2 \cdot K_z \cdot v_1} + c_1 = \frac{p \cdot D \cdot 5{,}1 \cdot 1{,}6}{2 \cdot 3600 \cdot 0{,}65} + 2 \\ &= 0{,}00174 \cdot D \cdot p + 2\text{ mm} = 1{,}85.\,(s_{11} - 2) + 2\text{ mm.} \end{aligned}\right\} \quad (16)$$

k) Gewölbte Böden, $R = D$, $r = 0{,}1\,D$, mit kleinen, durch Verstärkungen ausgeglichenen Durchbrechungen und seitlichem Mannloch:

$$\left.\begin{aligned} \text{Tabellenwert } s_{15} &= \frac{D \cdot p \cdot x_6 \cdot y}{2 \cdot K_z \cdot v_2} + c_2 = \frac{D \cdot p \cdot 4{,}5 \cdot 1{,}6}{2 \cdot 3600 \cdot 1} + 3 \\ &= 0{,}001 \cdot D \cdot p + 3\text{ mm.} \end{aligned}\right\} \quad (17)$$

l) Aus Teilen mittels Feuerschweißung ($v_3 = 0{,}7$) zusammengesetzt, sonst wie bei k):

$$\left.\begin{aligned} s_{16} &= \frac{D \cdot p \cdot x_{11} \cdot y}{2 \cdot K_z \cdot v_3} + c_2 = \frac{D \cdot p \cdot 4{,}8 \cdot 1{,}6}{2 \cdot 3600 \cdot 0{,}7} + 3 \\ &= 0{,}001525 \cdot D \cdot p + 3\,\text{mm} = 1{,}52 \cdot (s_{15} - 3) + 3\,\text{mm}. \end{aligned}\right\} \quad (18)$$

m) Aus Teilen mittels Nietung zusammengesetzt, sonst wie bei k):

$$\left.\begin{aligned} s_{17} &= \frac{D \cdot p \cdot x_{12} \cdot y}{2 \cdot K_z \cdot v_4} + c_2 = \frac{D \cdot p \cdot 1{,}6 \cdot x_{12}}{2 \cdot 3600 \cdot v_4} + 3 \\ &= 0{,}000222 \cdot D \cdot p \cdot \frac{x_{12}}{v_4} + 3\,\text{mm} \\ &= 0{,}22 \cdot (s_{15} - 3) \cdot \frac{x_{12}}{v_4} + 3\,\text{mm}. \end{aligned}\right\} \quad (19)$$

Hierbei ist x_{12} zu wählen: 5,9 bei überlappten und einseitig gelaschten Nähten, 4,8 bei zweireihigen, doppelt gelaschten Nähten, deren eine Lasche nur einreihig genietet ist, 4,5 bei mehrreihigen, doppelt gelaschten Nähten, während v_4 der gewählten Nietart entsprechend zu wählen ist. (Siehe Tabelle II, Seite 36.)

n) Aus Teilen mittels vergüteter Schmelzschweißnaht ($v_1 = 0{,}65$) zusammengesetzt, sonst wie bei k):

$$\left.\begin{aligned} s_{18} &= \frac{D \cdot p \cdot x_3 \cdot y}{2 \cdot K_z \cdot v_1} + c_2 = \frac{D \cdot p \cdot 5{,}4 \cdot 1{,}6}{2 \cdot 3600 \cdot 0{,}65} + 3 \\ &= 0{,}00185 \cdot D \cdot p + 3\,\text{mm} = 1{,}85 \cdot (s_{15} - 3) + 3\,\text{mm}. \end{aligned}\right\} \quad (20)$$

(Eine Zusammenstellung aller in den BVfLDK./27 auch für anders geformte Böden vorgeschriebenen Werte für x und y befindet sich in Abschnitt V.)

2. Kupferblechkugelteile bei Innendruck:

a) Allgemeine Formel:

$$s = \frac{D \cdot p \cdot x \cdot y}{2 \cdot K_z \cdot v} + c. \quad (21)$$

b) Halbkugeln aus einem Stück, mit kleinen, durch Verstärkungen ausgeglichenen Durchbrechungen, jedoch ohne Mannloch:

Bei Herstellung von Kugelteilen aus Kupferblech mittels Handarbeit entsteht die Möglichkeit einer gewissen Schwächung der Wandstärke gegenüber der ursprünglichen Stärke des Bleches, die mit 10% angenommen und durch den Zahlenwert $w = 0{,}9$ berücksichtigt wird.

$$\left.\begin{aligned}\text{Tabellenwert } s_{19} &= \frac{D \cdot p \cdot x_{13} \cdot y}{2 \cdot K_z \cdot v_2 \cdot w} + c_3 = \frac{D \cdot p \cdot 4 \cdot 0{,}55}{2 \cdot 2200 \cdot 1 \cdot 0{,}9} + c_3 \\ &= 0{,}000556 \cdot D \cdot p + c_3 .\end{aligned}\right\} \quad (22)$$

c) Aus Teilen mittels Hartlötung ($v_5 = 0{,}7$) zusammengesetzt, sonst wie bei b):

$$\left.\begin{aligned}s_{20} &= \frac{D \cdot p \cdot x_{14} \cdot y}{2 \cdot K_z \cdot v_5 \cdot w} + c_3 = \frac{D \cdot p \cdot 4{,}5 \cdot 0{,}55}{2 \cdot 2200 \cdot 0{,}7 \cdot 0{,}9} + c_3 \\ &= 0{,}000893 \cdot D \cdot p + c_3 = 1{,}60 \cdot (s_{19} - c_3) + c_3 .\end{aligned}\right\} \quad (23)$$

d) Aus Teilen mittels Nietung zusammengesetzt, sonst wie bei b):

$$\left.\begin{aligned}s_{21} &= \frac{D \cdot p \cdot x_{15} \cdot y}{2 \cdot K_z \cdot v_6 \cdot w} + c_3 = \frac{D \cdot p \cdot 4{,}5 \cdot 0{,}55}{2 \cdot 2200 \cdot v_6 \cdot 0{,}9} + c_3 \\ &= 0{,}000624 \cdot D \cdot p \cdot \frac{1}{v_6} + c_3 = 1{,}12 \cdot (s_{19} - c_3) \cdot \frac{1}{v_6} + c_3 ,\end{aligned}\right\} \quad (24)$$

wobei $\frac{1}{v_6} = \frac{1}{0{,}6} = 1{,}67$ bei einreihiger und $\frac{1}{0{,}7} = 1{,}43$ bei zweireihiger Nietung zu setzen ist.

e) Aus Teilen mittels vergüteter Schmelzschweißung ($v_7 = 0{,}6$) zusammengesetzt, sonst wie bei b):

$$\left.\begin{aligned}s_{22} &= \frac{D \cdot p \cdot x_{16} \cdot y}{2 \cdot K_z \cdot v_7 \cdot w} + c_3 = \frac{D \cdot p \cdot 4{,}7 \cdot 0{,}55}{2 \cdot 2200 \cdot 0{,}6 \cdot 0{,}9} + c_3 \\ &= 0{,}00109 \cdot D \cdot p + c_3 = 1{,}96 \cdot (s_{19} - c_3) + c_3 .\end{aligned}\right\} \quad (25)$$

f) Gewölbte Böden, $R = D$, $r = 0{,}1\,D$, aus einem Stück, mit kleinen, durch Verstärkungen ausgeglichenen Durchbrechungen, jedoch ohne Mannloch:

$$\left.\begin{aligned}\text{Tabellenwert } s_{23} &= \frac{D \cdot p \cdot x_{13} \cdot y}{2 \cdot K_z \cdot v_2 \cdot w} + c_4 = \frac{D \cdot p \cdot 4 \cdot 1{,}6}{2 \cdot 2200 \cdot 1 \cdot 0{,}9} + c_4 \\ &= 0{,}001616 \cdot D \cdot p + c_4 .\end{aligned}\right\} \quad (26)$$

(In der Buchausgabe wurden die ursprünglich vorgesehenen eigenen Tabellen für s_{23}, s_{27} und s_{31} durch auf den Tabellenwert s_{19} (Tabelle 3) bezogene Umrechnungswerte ersetzt.

Sinngemäß sind dann auch die Umrechnungswerte der Tabelle 3 für die Fälle g) und i), l) bis n) und p) bis r) nicht auf s_{23}, s_{27} und s_{31}, sondern auf den Tabellenwert s_{19} bezogen.)

g) Aus Teilen mittels Hartlötung ($v_5 = 0{,}7$) zusammengesetzt, sonst wie bei f):

$$\left.\begin{aligned} s_{24} &= \frac{D \cdot p \cdot x_{14} \cdot y}{2\ K_z \cdot v_5 \cdot w} + c_4 = \frac{D \cdot p \cdot 4{,}5 \cdot 1{,}6}{2 \cdot 2200 \cdot 0{,}7 \cdot 0{,}9} + c_4 \\ &= 0{,}00259 \cdot D \cdot p + c_4 = 1{,}60 \cdot (s_{23} - c_4) + c_4 \,. \end{aligned}\right\} \quad (27)$$

h) Aus Teilen mittels Nietung zusammengesetzt, sonst wie bei f):

$$\left.\begin{aligned} s_{25} &= \frac{D \cdot p \cdot x_{15} \cdot y}{2 \cdot K_z \cdot v_6 \cdot w} + c_4 = \frac{D \cdot p \cdot 4{,}5 \cdot 1{,}6}{2 \cdot 2200 \cdot v_6 \cdot 0{,}9} + c_4 \\ &= 0{,}00182 \cdot D \cdot p \cdot \frac{1}{v_6} + c_4 = 1{,}12 \cdot (s_{23} - c_4) \cdot \frac{1}{v_6} + c_4 \,, \end{aligned}\right\} \quad (28)$$

wobei $\frac{1}{v_6} = \frac{1}{0{,}6} = 1{,}67$ bei einreihiger und $\frac{1}{0{,}7} = 1{,}43$ bei zweireihiger Nietung zu wählen ist.

i) Aus Teilen mittels vergüteter Schmelzschweißung ($v_7 - 0{,}6$) zusammengesetzt, sonst wie bei f):

$$\left.\begin{aligned} s_{26} &= \frac{D \cdot p \cdot x_{16} \cdot y}{2 \cdot K_z \cdot v_7 \cdot w} + c_4 = \frac{D \cdot p \cdot 4{,}7 \cdot 1{,}6}{2 \cdot 2200 \cdot 0{,}6 \cdot 0{,}9} + c_4 \\ &= 0{,}00317 \cdot D \cdot p + c_4 = 1{,}96 \cdot (s_{23} - c_4) + c_4 \,. \end{aligned}\right\} \quad (29)$$

k) Gewölbte Böden, $R = D$, $r = 0{,}D$, aus einem Stück, mit kleinen, durch Verstärkungen ausgeglichenen Durchbrechungen und mittlerem Mannloch:

$$\left.\begin{aligned} \text{Tabellenwert } s_{27} &= \frac{D \cdot p \cdot x_{17} \cdot y}{2 \cdot K_z \cdot v_2 \cdot w} + c_4 = \frac{D \cdot p \cdot 4{,}5 \cdot 1{,}6}{2 \cdot 2200 \cdot 1 \cdot 0{,}9} + c_4 \\ &= 0{,}00182 \cdot D \cdot p + c_4 \,. \end{aligned}\right\} \quad (30)$$

l) Aus Teilen mittels Hartlötung ($v_5 = 0{,}7$) zusammengesetzt, sonst wie bei k):

$$\left.\begin{aligned} s_{28} &= \frac{D \cdot p \cdot x_{18} \cdot y}{2 \cdot K_z \cdot v_5 \cdot w} + c_4 = \frac{D \cdot p \cdot 5{,}1 \cdot 1{,}6}{2 \cdot 2200 \cdot 0{,}7 \cdot 0{,}9} + c_4 \\ &= 0{,}00294 \cdot D \cdot p + c_4 = 1{,}60\,(s_{27} - c_4) + c_4 \,. \end{aligned}\right\} \quad (31)$$

m) Aus Teilen mittels Nietung zusammengesetzt, sonst wie bei k):

$$\left.\begin{aligned} s_{29} &= \frac{D \cdot p \cdot x_{19} \cdot y}{2 \cdot K_z \cdot v_6 \cdot w} + c_4 = \frac{D \cdot p \cdot 5{,}1 \cdot 1{,}6}{2 \cdot 2200 \cdot v_6 \cdot 0{,}9} + c_4 \\ &= 0{,}00206 \cdot D \cdot p \cdot \frac{1}{v_6} + c_4 = 1{,}12\,(s_{27} - c_4) \cdot \frac{1}{v_6} + c_4\,, \end{aligned}\right\} \quad (32)$$

wobei $\frac{1}{v_6} = \frac{1}{0{,}6} = 1{,}67$ bei einreihiger und $\frac{1}{0{,}7} = 1{,}43$ bei zweireihiger Nietung zu wählen ist.

n) Aus Teilen mittels vergüteter Schmelzschweißung ($v_7 = 0{,}6$) zusammengesetzt:

$$\left.\begin{aligned} s_{30} &= \frac{D \cdot p \cdot x_{20} \cdot y}{2 \cdot K_z \cdot v_7 \cdot w} + c_4 = \frac{D \cdot p \cdot 5{,}3 \cdot 1{,}6}{2 \cdot 2200 \cdot 0{,}6 \cdot 0{,}9} + c_4 \\ &= 0{,}00357 \cdot D \cdot p + c_4 = 1{,}96\,(s_{27} - c_4) + c_4\,. \end{aligned}\right\} \quad (33)$$

o) Gewölbte Böden, $R = D$, $r = 0{,}1\,D$, aus einem Stück, mit kleinen, durch Verstärkungen ausgeglichenen Durchbrechungen und seitlichem Mannloch:

$$\left.\begin{aligned} \text{Tabellenwert } s_{31} &= \frac{D \cdot p \cdot x_{21} \cdot y}{2 \cdot K_z \cdot v_2 \cdot w} + c_5 = \frac{D \cdot p \cdot 4{,}8 \cdot 1{,}6}{2 \cdot 2200 \cdot 1 \cdot 0{,}9} + c_5 \\ &= 0{,}00194 \cdot D \cdot p + c_5\,. \end{aligned}\right\} \quad (34)$$

p) Aus Teilen mittels Hartlötung ($v_5 = 0{,}7$) zusammengesetzt, sonst wie bei o):

$$\left.\begin{aligned} s_{32} &= \frac{D \cdot p \cdot x_{22} \cdot y}{2 \cdot K_z \cdot v_5 \cdot w} + c_5 = \frac{D \cdot p \cdot 5{,}4 \cdot 1{,}6}{2 \cdot 2200 \cdot 0{,}7 \cdot 0{,}9} + c_5 \\ &= 0{,}00312 \cdot D \cdot p + c_5 = 1{,}60\,(s_{31} - c_5) + c_5\,. \end{aligned}\right\} \quad (35)$$

q) Aus Teilen mittels Nietung zusammengesetzt, sonst wie bei o):

$$\left.\begin{aligned} s_{33} &= \frac{D \cdot p \cdot x_{23} \cdot y}{2 \cdot K_z \cdot v_6 \cdot w} + c_5 = \frac{D \cdot p \cdot 5{,}4 \cdot 1{,}6}{2 \cdot 2200 \cdot v_6 \cdot 0{,}9} + c_5 \\ &= 0{,}002185 \cdot D \cdot p \cdot \frac{1}{v_6} + c_5 = 1{,}12\,(s_{31} - c_5) \cdot \frac{1}{v_6} + c_5\,, \end{aligned}\right\} \quad (36)$$

wobei $\frac{1}{v_6} = \frac{1}{0{,}6} = 1{,}67$ bei einreihiger und $\frac{1}{0{,}7} = 1{,}43$ bei zweireihiger Nietung zu wählen ist.

r) Aus Teilen mittels vergüteter Schmelzschweißung ($v_7 = 0{,}6$) zusammengesetzt, sonst wie bei o):

$$\left.\begin{aligned} s_{34} &= \frac{D \cdot p \cdot x_{24} \cdot y}{2 \cdot K_z \cdot v_7 \cdot w} + c_5 = \frac{D \cdot p \cdot 5{,}7 \cdot 1{,}6}{2 \cdot 2200 \cdot 0{,}6 \cdot 0{,}9} + c_5 \\ &= 0{,}00383 \cdot D \cdot p + c_5 = 1{,}96\,(s_{31} - c_5) + c_5\,. \end{aligned}\right\} \quad (37)$$

Die Zuschläge c_3, c_4 und c_5 können in die Tabelle 3 nicht einbezogen werden, da gleichbleibende Zuschläge den fallweise nötig werdenden Erhöhungen der Wandstärken nicht gerecht werden können. c_3 und c_4 sind so zu wählen, daß sich aus praktischen Gründen oder wegen zusätzlicher chemischer oder mechanischer Beanspruchungen nach der Rechnung zu schwach ergebende Blechstärken entsprechend erhöht werden, c_5 ist um mindestens 1 mm stärker zu nehmen, als für den gleichen Fall für c_3 und c_4 zutreffend wäre. Nach den BVfLDK./27 ist $c_3 = c_4 = 2$ mm, $c_5 = 3$ mm.

s) Warmer Druck:

$s_{\text{warm}} = \frac{s_{\text{kalt}}}{\alpha_1} = s_{\text{kalt}} \cdot \frac{1}{\alpha_1}$, wobei die Werte für α_1 und $\frac{1}{\alpha_1}$ aus der Tabelle I zu entnehmen sind. (Siehe Abschnitt III.)

(Eine Zusammenstellung aller in den BVfLDK./27 auch für andere Bodenformen vorgeschriebenen Werte für x und y findet sich in Abschnitt V.)

3. Aluminiumblech-Kugelteile bei Innendruck.

a) Allgemeine Formel:

$$s = \frac{D \cdot p \cdot x \cdot y}{2 \cdot K_z \cdot v} + c\,. \quad (38)$$

b) Halbkugeln aus einem Stück mit kleinen, durch Verstärkungen ausgeglichenen Durchbrechungen, jedoch ohne Mannloch:

Berücksichtigung der Möglichkeit einer Schwächung des Bleches bei Herstellung durch Handarbeit wie unter 2b durch $w = 0{,}9$.

$$\left.\begin{aligned} \text{Tabellenwert}\, s_{35} &= \frac{D \cdot p \cdot x_{25} \cdot y}{2 \cdot K_z \cdot v_2 \cdot 0{,}9} + c_6 = \frac{D \cdot p \cdot 4{,}25 \cdot 0{,}55}{2 \cdot 1130 \cdot 1 \cdot 0{,}9} + c_6 \\ &= 0{,}00115 \cdot D \cdot p + c_5\,. \end{aligned}\right\} \quad (39)$$

c) Aus Teilen mittels Hammerschweißung ($v_8 = 0,75$) zusammengesetzt, sonst wie bei b):

$$\left.\begin{aligned} s_{36} &= \frac{D \cdot p \cdot x_{26} \cdot y}{2 \cdot K_z \cdot v_8 \cdot w} + c_6 = \frac{D \cdot p \cdot 4,7 \cdot 0,55}{2 \cdot 1130 \cdot 0,75 \cdot 0,9} + c_6 \\ &= 0,001695 \cdot D \cdot p + c_6 = 1,47\,(s_{35} - c_6) + c_6 . \end{aligned}\right\} \quad (40)$$

d) Gewölbte Böden, $R = D$, $r = 0,1\,D$, aus einem Stück mit kleinen, durch Verstärkungen ausgeglichenen Durchbrechungen, jedoch ohne Mannloch:

$$\left.\begin{aligned} \text{Tabellenwert } s_{37} &= \frac{D \cdot p \cdot x_{25} \cdot y}{2 \cdot K_z \cdot v_2 \cdot w} + c_7 = \frac{D \cdot p \cdot 4,25 \cdot 1,6}{2 \cdot 1130 \cdot 1 \cdot 0,9} + c_7 \\ &= 0,00335 \cdot D \cdot p + c_7 . \end{aligned}\right\} (41)$$

(In der Buchausgabe wurden die ursprünglich vorgesehenen eigenen Tabellen für s_{37}, s_{39} und s_{41} durch auf den Tabellenwert s_{35} (Tabelle 4) bezogene Umrechnungswerte ersetzt. Sinngemäß sind dann auch die Umrechnungswerte der Tabelle 4 für die Fälle e), g) und i) nicht auf s_{37}, s_{39} und s_{41}, sondern auf den Tabellenwert s_{35} bezogen.)

e) Aus Teilen mittels Hammerschweißung ($v_8 = 0,75$ zusammengesetzt, sonst wie bei d):

$$\left.\begin{aligned} s_{38} &= \frac{D \cdot p \cdot x_{26} \cdot y}{2 \cdot K_z \cdot v_8 \cdot w} + c_7 = \frac{D \cdot p \cdot 4,7 \cdot 1,6}{2 \cdot 1130 \cdot 0,75 \cdot 0,9} + c_7 \\ &= 0,00493 \cdot D \cdot p + c_7 = 1,47\,(s_{37} - c_7) + c_7 . \end{aligned}\right\} \quad (42)$$

f) Gewölbte Böden, $R = D$, $r = 0,1\,D$, aus einem Stück mit kleinen, durch Verstärkungen ausgeglichenen Durchbrechungen und mittlerem Mannloch:

$$\left.\begin{aligned} \text{Tabellenwert } s_{39} &= \frac{D \cdot p \cdot x_{27} \cdot y}{2 \cdot K_z \cdot v_2 \cdot w} + c_7 = \frac{D \cdot p \cdot 4,8 \cdot 1,6}{2 \cdot 1130 \cdot 1 \cdot 0,9} + c_7 \\ &= 0,00378 \cdot D \cdot p + c_7 . \end{aligned}\right\} (43)$$

g) Aus Teilen mittels Hammerschweißung ($v_8 = 0,75$) zusammengesetzt, sonst wie bei f):

$$\left.\begin{aligned} s_{40} &= \frac{D \cdot p \cdot x_{28} \cdot y}{2 \cdot K_z \cdot v_8 \cdot w} + c_7 = \frac{D \cdot p \cdot 5,3 \cdot 1,6}{2 \cdot 1130 \cdot 0,75 \cdot 0,9} + c_7 \\ &= 0,00557 \cdot D \cdot p + c_7 = 1,47\,(s_{39} - c_7) + c_7 . \end{aligned}\right\} \quad (44)$$

h) Gewölbte Böden, $R = D$, $r = 0,1\,D$, aus einem Stück mit kleinen, durch Verstärkungen ausgeglichenen Durchbrechungen und seitlichem Mannloch:

$$\left.\begin{aligned}\text{Tabellenwert } s_{41} &= \frac{D \cdot p \cdot x_{29} \cdot y}{2 \cdot K_z \cdot v_2 \cdot w} + c_8 = \frac{D \cdot p \cdot 5{,}1 \cdot 1{,}6}{2 \cdot 1130 \cdot 1 \cdot 0{,}9} + c_8 \\ &= 0{,}00401 \cdot D \cdot p + c_8 .\end{aligned}\right\} \quad (45)$$

i) Aus Teilen mittels Hammerschweißung ($v_8 = 0{,}75$) zusammengesetzt, sonst wie bei h):

$$\left.\begin{aligned}s_{42} &= \frac{D \cdot p \cdot x_{30} \cdot y}{2 \cdot K_z \cdot v_8 \cdot w} + c_8 = \frac{D \cdot p \cdot 5{,}65 \cdot 1{,}6}{2 \cdot 1130 \cdot 0{,}75 \cdot 0{,}9} + c_8 \\ &= 0{,}00591 \cdot D \cdot p + c_8 = 1{,}47\,(s_{41} - c_8) + c_8 .\end{aligned}\right\} \quad (46)$$

Die Zuschläge c_6, c_7 und c_8 können in die Tabelle 4 nicht einbezogen werden, da gleichbleibende Zuschläge den fallweise nötig werdenden Erhöhungen der Wandstärken nicht gerecht werden können. c_6 und c_7 sind so zu wählen, daß sich aus praktischen Gründen oder wegen zusätzlicher chemischer oder mechanischer Beanspruchungen nach der Rechnung zu schwach ergebende Blechstärken entsprechend erhöht werden, c_8 ist um mindestens 1 mm stärker zu nehmen, als für den gleichen Fall für c_6 und c_7 zutreffend wäre.

k) Warmer Druck:

$s_{\text{warm}} = \dfrac{s_{\text{kalt}}}{\alpha_2} = s_{\text{kalt}} \cdot \dfrac{1}{\alpha_2}$, wobei die Werte von α_2 und $\dfrac{1}{\alpha_2}$ aus Tabelle I zu entnehmen sind.

(Eine Zusammenstellung aller in den BVfLDK./27 auch für anders geformte Böden vorgeschriebenen Werte für x und y findet sich in Abschnitt V.)

4. Schweißstahlblechkugeln bei Außendruck.

Die Ableitung der Formeln und Zahlenwerte erfolgt im nächsten Abschnitt, da die bezüglichen Angaben nur für Flußstahl veröffentlicht sind. Für Schweißstahl müssen die dort errechneten Werte entsprechend den verschiedenen Festigkeiten der beiden Baustoffe mit $\dfrac{650}{500} = 1{,}3$ multipliziert werden. (Siehe auch Abschnitt IId.)

4a. Flußstahlblechkugeln bei Außendruck.

Nach den BVfLDK. gilt:

$$s = \frac{p \cdot r}{2 \cdot k}.$$

Hieraus ist $\frac{r}{s} = \frac{2 \cdot k}{p}$ und mit $k = 650$:

$$\frac{r}{s} = \frac{1300}{p} = A_1.$$

Wegen der Gefahr der Einbeulung ist jedoch höchstens zulässig $k = 0{,}4\,k_0$, woraus $k_0 = 2{,}5\,k$. Für geglühten Flußstahl und Kugelböden aus einem Stück ist:

$$k_0 = 2600 - 115\sqrt{\frac{r}{s}},$$

woraus nach Einsetzung folgt:

$$2{,}5 \cdot \frac{p \cdot r}{2 \cdot s} = 2600 - 115\sqrt{\frac{r}{s}},$$

nach Umformung die Gleichung:

$$\frac{r}{s} + \frac{92}{p} \cdot \sqrt{\frac{r}{s}} - \frac{2080}{p} = 0,$$

deren Auflösung:

$$\sqrt{\frac{r}{s}} = -\frac{46}{p} + \sqrt{\left(\frac{46}{p}\right)^2 + \frac{2080}{p}}$$

und die Formel:

$$\frac{r}{s} = \left[-\frac{46}{p} + \sqrt{\left(\frac{46}{p}\right)^2 + \frac{2080}{p}}\right]^2 = A_2. \qquad (47)$$

Es ist daher in jedem Fall zu untersuchen, ob die Druckanstrengung oder die Einbeulungsspannung größer ist, und jene Formel zu benützen, die den kleineren Wert für $\frac{r}{s}$ ergibt. Diese Untersuchung wurde für Drücke bis 15 at durchgeführt und die Ergebnisse als Kurven A_1 und A_2 im Diagramm II eingetragen. Nach dem Kurvenverlauf ist ein

Diagramm II.

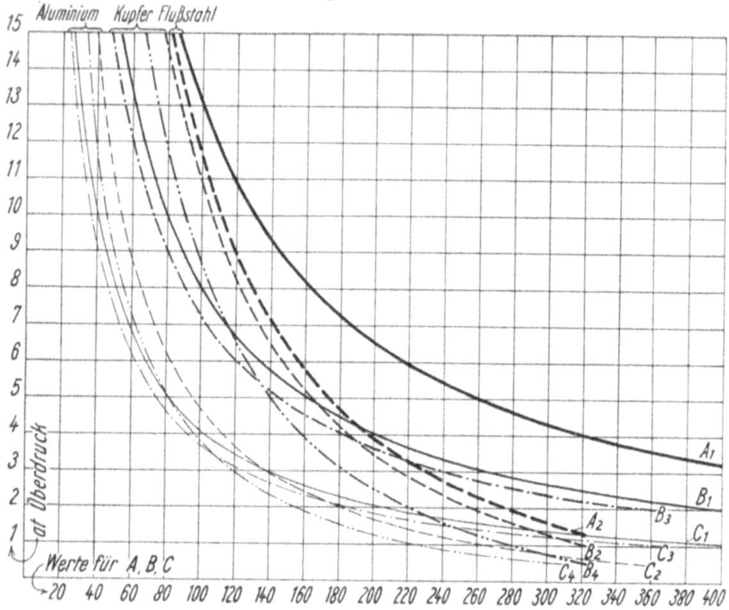

Werte von A für Flußstahl
„ „ B „ Kupfer und
„ „ C „ Aluminium.

Schnittpunkt der beiden Kurven erst bei mehr als 15 at zu erwarten; unter 15 at ergibt die nach der Einbeulungsspannung berechnete Kurve A_2 die kleineren Werte von $\frac{r}{s}$ und somit die größeren Werte für s und es folgt:

$$s = \frac{r}{A_2}.$$

5. Kupferblechkugeln, hartgehämmert, bei Außendruck.

a) Kalter Druck:

Nach den BVfLDK gilt wieder:

$$s = \frac{p \cdot r}{2 \cdot k}.$$

Hieraus ist $\frac{r}{s} = \frac{2 \cdot k}{p}$ und mit $k = 400$:

$$\frac{r}{s} = \frac{800}{p} = B_1.$$

Wegen der Gefahr der Einbeulung ist jedoch höchstens zulässig $k = 0{,}4\, k_0$, woraus $k_0 = 2{,}5\, k$. Für hartgehämmertes Kupferblech ist:

$$k_0 = 2550 - 120 \sqrt{\frac{r}{s}},$$

woraus nach Einsetzung folgt:

$$2{,}5 \cdot \frac{p \cdot r}{2 \cdot s} = 2550 - 120 \sqrt{\frac{r}{s}},$$

nach Umformung die Gleichung:

$$\frac{r}{s} + \frac{96}{p} \cdot \sqrt{\frac{r}{s}} - \frac{2040}{p} = 0,$$

deren Auflösung:

$$\sqrt{\frac{r}{s}} = -\frac{48}{p} + \sqrt{\left(\frac{48}{p}\right)^2 + \frac{2040}{p}}$$

und die Formel:

$$\frac{r}{s} = \left[-\frac{48}{p} + \sqrt{\left(\frac{48}{p}\right)^2 + \frac{2040}{p}}\right]^2 = B_2. \tag{48}$$

Die Untersuchung, welcher der beiden Werte B_1 oder B_2 den kleineren Wert von $\frac{r}{s}$ und damit den größeren Wert von s ergibt, wurde für Drücke bis 15 at durchgeführt und die Ergebnisse als Kurven B_1 und B_2 in Diagramm II eingetragen. Es ergibt sich über 2 at ein Schnittpunkt der beiden Kurven, d. h. über diesem Druck ergäbe die Berechnung nach B_1 (Druckbeanspruchung) die höheren Werte für s. Nun sind aber noch zu berücksichtigen: bei der Druckbeanspruchung die bei der Herstellung mögliche Schwächung der Blechstärke (siehe Abschnitt II und Abschnitt IV/2) in Form des Zahlenwertes $w = 0{,}9$ und bei der Einbeulungsspannung überdies noch ein Zahlenwert $z = 0{,}95$, der die zulässige Abweichung von der Kreisform berücksichtigt. Dann wird

$B_3 = w \cdot B_1 = 0{,}9 \cdot B_1$ und $B_4 = w \cdot z \cdot B_2 = 0{,}855 \cdot B_2$. Die Kurven dieser Werte in Diagramm II schneiden sich aber erst über 5 at, so daß unterhalb 5 at nach der Einbeulungsspannung mit $s_{45} = \frac{r}{B_4}$ und über 6 at nach der Druckbeanspruchung mit $s_{45} = \frac{r}{B_3}$ zu rechnen ist. In dieser Weise sind die Tabellenwerte s_{45} errechnet und in der Tabelle angegeben, welche der beiden Beanspruchungen bei bestimmten Drücken größer ist.

b) Warmer Druck:

$s_{\text{warm}} = \frac{s_{\text{kalt}}}{\alpha_1} = s_{\text{kalt}} \cdot \frac{1}{\alpha_1}$, wobei die Werte von α_1 und $\frac{1}{\alpha_1}$ aus der Tabelle I zu entnehmen sind. (Siehe Abschnitt III.)

6. Aluminiumblechkugeln, hartgehämmert, bei Außendruck.

a) Kalter Druck.

Für Druck ist wieder:

$$s = \frac{p \cdot r}{2 \cdot k}.$$

Hieraus folgt $\frac{r}{s} = \frac{2 \cdot k}{p}$ und mit $k = 205$:

$$\frac{r}{s} = \frac{410}{p} = C_1.$$

Wegen der Gefahr der Einbeulung ist jedoch höchstens zulässig: $k = 0{,}4\, k_0$, woraus $k_0 = 2{,}5\, k$. Für hartgehämmertes Aluminiumblech ist:

$$k_0 = 1000 - 47\sqrt{\frac{r}{s}},$$

woraus nach Einsetzung folgt:

$$2{,}5 \cdot \frac{p \cdot r}{2 \cdot s} = 1000 - 47\sqrt{\frac{r}{s}},$$

nach Umformung die Gleichung:

$$\frac{r}{s} + \frac{37{,}6}{p} \cdot \sqrt{\frac{r}{s}} - \frac{800}{p} = 0,$$

deren Auflösung:

$$\sqrt{\frac{r}{s}} = -\frac{18,8}{p} + \sqrt{\left(\frac{18,8}{p}\right)^2 + \frac{800}{p}}$$

und die Formel:

$$\frac{r}{s} = \left[-\frac{18,8}{p} + \sqrt{\left(\frac{18,8}{p}\right)^2 + \frac{800}{p}}\right]^2 = C_2. \qquad (49)$$

Die Untersuchung, welcher der beiden Werte C_1 oder C_2 den kleineren Wert von $\frac{r}{s}$ und damit den größeren Wert von s ergibt, wurde für Drücke bis 15 at durchgeführt und die Ergebnisse als Kurven C_1 und C_2 in Diagramm II eingetragen. Es ergibt sich über 2 at ein Schnittpunkt der beiden Kurven, d. h. über diesem Druck ergäbe die Berechnung nach C_1 (Druckbeanspruchung) die höheren Werte für s. Es sind aber noch zu berücksichtigen: bei der Druckbeanspruchung die bei der Herstellung mögliche Schwächung der Blechstärke (siehe Abschnitt II und Abschnitt IV/2) in Form des Faktors $w = 0,9$ und bei der Einbeulungsspannung überdies noch ein Faktor $z = 0,95$, der die zulässige Abweichung von der Kreisform berücksichtigt. Dann wird $C_3 = w \cdot C_1 = 0,9 \cdot C_1$ und $C_4 = w \cdot z \cdot C_2 = 0,855 \cdot C_2$. Die Kurven dieser Werte in Diagramm II schneiden sich aber erst über 3 at, so daß unter 3 at nach der Einbeulungsspannung mit $s_{46} = \frac{r}{C_4}$ und über 4 at nach der Druckspannung mit $s_{46} = \frac{r}{C_3}$ zu rechnen ist.

b) Warmer Druck.

$s_{\text{warm}} = \frac{s_{\text{kalt}}}{\alpha_2} = s_{\text{kalt}} \cdot \frac{1}{\alpha_2}$, wobei die Werte für α_2 und $\frac{1}{\alpha_2}$ aus Tabelle I zu entnehmen sind. (Siehe Abschnitt III.)

7. Schweißstahlblechzylinder bei Innendruck.

a) Allgemeine Formel:

$$s = \frac{D \cdot p \cdot x}{2 \cdot K_z \cdot v} + c. \qquad (50)$$

b) Mittels vergüteter Schmelzschweißung ($v_1 = 0{,}65$) hergestellt:

$$\left.\begin{aligned}\text{Tabellenwert } s_{47} &= \frac{D \cdot p \cdot x_{30}}{2 \cdot K_z \cdot v_1} + 1 = \frac{D \cdot p \cdot 4{,}75}{2 \cdot 3300 \cdot 0{,}65} + 1 \\ &= 0{,}001107 \cdot D \cdot p + 1 \text{ mm.}\end{aligned}\right\} \quad (51)$$

c) Genietet:

$$\left.\begin{aligned}s_{48} &= \frac{D \cdot p \cdot x_{31}}{2 \cdot K_z \cdot v_4} + 1 = \frac{D \cdot p \cdot x_{31}}{2 \cdot 3300 \cdot v_4} + 1 \\ &= 0{,}0001515 \cdot D \cdot p \cdot \frac{x_{31}}{v_4} + 1 = 0{,}137\,(s_{47} - 1) \cdot \frac{x_{31}}{v_4} + 1 \text{ mm.}\end{aligned}\right\} \quad (52)$$

Hierbei ist x_{31} zu wählen: 4,75 bei überlappt oder einseitig gelaschten Nähten, 4,25 bei zweireihigen, doppelt gelaschten Nähten, deren eine Lasche nur einreihig genietet ist, 4,0 bei mehrreihigen, doppelt gelaschten Nähten, während v_4 der gewählten Nietart entsprechend zu wählen ist. (Siehe Tabelle II.)

d) Feuergeschweißt ($v_7 = 0{,}7$):

$$\left.\begin{aligned}s_{49} &= \frac{D \cdot p \cdot x_{32}}{2 \cdot K_z \cdot v_7} + 1 = \frac{D \cdot p \cdot 4{,}25}{2 \cdot 3300 \cdot 0{,}7} + 1 \\ &= 0{,}00092 \cdot D \cdot p + 1 = 0{,}83\,(s_{47} - 1) + 1 \text{ mm.}\end{aligned}\right\} \quad (53)$$

e) Nahtlose Zylinder:

$$\left.\begin{aligned}s_{50} &= \frac{D \cdot p \cdot x_{33}}{2 \cdot K_z \cdot v_1} + 1 = \frac{D \cdot p \cdot 4{,}0}{2 \cdot 3300 \cdot 1} + 1 \\ &= 0{,}000606 \cdot D \cdot p + 1 = 0{,}55\,(s_{47} - 1) + 1 \text{ mm.}\end{aligned}\right\} \quad (54)$$

7a. Flußstahlblechzylinder bei Innendruck:

a) Allgemeine Formel:

$$s = \frac{D \cdot p \cdot x}{2 \cdot K_z \cdot v} + c. \quad (55)$$

b) Mittels vergüteter Schmelzschweißung ($v_1 = 0{,}65$) hergestellt:

$$\left.\begin{aligned}\text{Tabellenwert } s_{51} &= \frac{D \cdot p \cdot x_{30}}{2 \cdot K_z \cdot v_1} + 1 = \frac{D \cdot p \cdot 4{,}75}{2 \cdot 3600 \cdot 0{,}65} + 1 \\ &= 0{,}001015 \cdot D \cdot p + 1 \text{ mm.}\end{aligned}\right\} \quad (56)$$

c) Genietet:

$$\left.\begin{aligned}s_{52} &= \frac{D \cdot p \cdot x_{31}}{2 \cdot K_z \cdot v_4} + 1 = \frac{D \cdot p \cdot x_{31}}{2 \cdot 3600 \cdot v_4} + 1 \\ &= 0{,}000139 \cdot D \cdot p \cdot \frac{x_{31}}{v_4} + 1 = 0{,}137\,(s_{51} - 1) \cdot \frac{x_{31}}{v_4} + 1 \text{ mm.}\end{aligned}\right\} \quad (57)$$

Hierbei ist x_{31} zu wählen: 4,75 bei überlappt oder einseitig gelaschten Nähten, 4,25 bei zweireihigen, doppelt gelaschten Nähten, deren eine Lasche nur einreihig genietet ist, 4,0 bei mehrreihigen, doppelt gelaschten Nähten, während v_4 der gewählten Nietart entsprechend zu wählen ist. (Siehe Tabelle II.)

d) Feuergeschweißt ($v_7 = 0{,}7$):

$$\left.\begin{aligned} s_{53} &= \frac{D \cdot p \cdot x_{32}}{2 \cdot K_z \cdot v_7} + 1 = \frac{D \cdot p \cdot 4{,}25}{2 \cdot 3600 \cdot 0{,}7} + 1 \\ &= 0{,}000843 \cdot D \cdot p \cdot + 1 = 0{,}83\,(s_{51} - 1) + 1 \text{ mm.} \end{aligned}\right\} \quad (58)$$

e) Nahtlose Zylinder:

$$\left.\begin{aligned} s_{54} &= \frac{D \cdot p \cdot x_{33}}{2 \cdot K_z \cdot v_2} + 1 = \frac{D \cdot p \cdot 4{,}0}{2 \cdot 3600 \cdot 1} + 1 \\ &= 0{,}000555 \cdot D \cdot p + 1 = 0{,}55\,(s_{51} - 1) + 1 \text{ mm.} \end{aligned}\right\} \quad (59)$$

8. Kupferblechzylinder bei Innendruck.

a) Allgemeine Formel:

$$s = \frac{D \cdot p \cdot x}{2 \cdot K_z \cdot v} + c. \quad (60)$$

b) Mittels Hartlötung ($v_5 = 0{,}75$) hergestellt:

$$\left.\begin{aligned} \text{Tabellenwert } s_{55} &= \frac{D \cdot p \cdot x_{34}}{2 \cdot K_z \cdot v_5} + c_9 = \frac{D \cdot p \cdot 4{,}75}{2 \cdot 2200 \cdot 0{,}75} + c_9 \\ &= 0{,}001545 \cdot D \cdot p + c_9. \end{aligned}\right\} \quad (61)$$

c) Mittels vergüteter Schmelzschweißung ($v_7 = 0{,}6$) hergestellt:

$$\left.\begin{aligned} s_{56} &= \frac{D \cdot p \cdot x_{35}}{2 \cdot K_z \cdot v_7} + c_9 = \frac{D \cdot p \cdot 5{,}0}{2 \cdot 2200 \cdot 0{,}6} + c_9 \\ &= 0{,}001892 \cdot D \cdot p + c_9 = 1{,}23\,(s_{55} - c_9) + c_9. \end{aligned}\right\} \quad (62)$$

d) Genietet:

$$\left.\begin{aligned} s_{57} &= \frac{D \cdot p \cdot x_{36}}{2 \cdot K_z \cdot v_6} + c_9 = \frac{D \cdot p \cdot 4{,}75}{2 \cdot 2200 \cdot v_6} + c_9 \\ &= 0{,}001079 \cdot D \cdot p \cdot \frac{1}{v_6} + c_9 = 0{,}7\,(s_{55} - c_9) \cdot \frac{1}{v_6} + c_9, \end{aligned}\right\} \quad (63)$$

wobei $\frac{1}{v_6} = \frac{1}{0{,}6} = 1{,}67$ bei einreihiger und $\frac{1}{0{,}7} = 1{,}43$ bei zweireihiger Nietung zu wählen ist.

e) Nahtlose Zylinder:

$$\left.\begin{aligned} s_{58} &= \frac{D \cdot p \cdot x_{37}}{2 \cdot K_z \cdot v_2} + c_9 = \frac{D \cdot p \cdot 4{,}25}{2 \cdot 2200 \cdot 1} + c_9 \\ &= 0{,}000967 \cdot D \cdot p + c_9 = 0{,}63\,(s_{55} - c_9) + c_9 \,. \end{aligned}\right\} \quad (64)$$

Der Zuschlag c_9 kann in die Tabelle nicht einbezogen werden, da ein gleichbleibender Zuschlag den fallweise nötigen Erhöhungen der Wandstärke nicht gerecht werden kann. c_9 ist jeweils so groß zu wählen, daß dort, wo die Tabelle aus praktischen Gründen oder wegen zusätzlicher Beanspruchungen zu kleine Wandstärken ergibt, eine entsprechende Erhöhung der Blechstärke erfolgt. Nach den BVFLDK./26 wäre $c_9 = 1$ mm.

f) Warmer Druck:

$s_{\text{warm}} = \dfrac{s_{\text{kalt}}}{\alpha_1} = s_{\text{kalt}} \cdot \dfrac{1}{\alpha_1}$, wobei die Werte für α_1 und $\dfrac{1}{\alpha_1}$ aus der Tabelle I zu entnehmen sind. (Siehe Abschnitt III.)

9. Aluminiumblechzylinder bei Innendruck.

a) Allgemeine Formel:

$$s = \frac{D \cdot p \cdot x}{2 \cdot K_z \cdot v} + c. \quad (65)$$

b) Hammergeschweißt ($v_8 = 0{,}75$):

$$\left.\begin{aligned} \text{Tabellenwert } s_{59} &= \frac{D \cdot p \cdot x_{38}}{2 \cdot K_z \cdot v_8} + c_{10} = \frac{D \cdot p \cdot 5{,}0}{2 \cdot 1130 \cdot 0{,}75} + c_{10} \\ &= 0{,}00296 \cdot D \cdot p + c_{10} \,. \end{aligned}\right\} \quad (66)$$

c) Nahtlose Zylinder:

$$\left.\begin{aligned} s_{60} &= \frac{D \cdot p \cdot x_{39}}{2 \cdot K_z \cdot v_8} + c_{10} = \frac{D \cdot p \cdot 4{,}5}{2 \cdot 1130 \cdot 1} + c_{10} \\ &= 0{,}00199 \cdot D \cdot p + c_{10} = 0{,}67\,(s_{59} - c_{10}) + c_{10} \,. \end{aligned}\right\} \quad (67)$$

Hinsichtlich c_{10} gilt sinngemäß das im vorigen Absatz für c_9 Gesagte.

d) Warmer Druck:

$s_{\text{warm}} = \dfrac{s_{\text{kalt}}}{\alpha_2} = s_{\text{kalt}} \cdot \dfrac{1}{\alpha_2}$, wobei die Werte für α_2 und $\dfrac{1}{\alpha_2}$ aus der Tabelle I zu entnehmen sind. (Siehe auch Abschnitt III.)

10. Schmiedestahlblechzylinder bei Außendruck.

a) Allgemeine Formel:

$$s = \frac{D \cdot p}{2400} \cdot \left(1 + \sqrt{1 + \frac{a}{p} \cdot \frac{l}{l + d}}\right) + 2\ \text{mm}, \tag{68}$$

worin neben den früheren Bezeichnungen bedeutet:

l = die unversteifte Länge des Zylinders bzw. den Abstand zweier wirksamer Versteifungen voneinander,

a = einen die Lage und Herstellungsart des Zylinders berücksichtigenden Wert, welcher zu wählen ist mit:

$a = 50$ bei stehenden Zylindern, geschweißt oder doppelt gelascht genietet,

$a = 70$ bei stehenden Zylindern, zweireihig überlappt genietet,

$a = 80$ bei liegenden Zylindern, geschweißt oder doppelt gelascht genietet,

$a = 100$ bei liegenden Zylindern, zweireihig überlappt genietet,

also bei der im Apparatebau hauptsächlich vorkommenden geschweißten Ausführung: $a = 50$ stehend und $a = 80$ liegend.

Bei Zylindern, deren Unrundheit 1% des Solldurchmessers nicht überschreitet, kann gewählt werden:

Bei stehender, nahtloser oder geschweißter Ausführung . . . . $a = 45$

bei liegender, nahtloser oder geschweißter Ausführung . . . . $a = 75$

Zur tabellarischen Auswertung wird die Formel geschrieben:

$$\left.\begin{aligned} s &= \frac{p \cdot D}{2400} \cdot R + 2\ \text{mm} = 0{,}000417 \cdot D \cdot p \cdot R + 2\ \text{mm} \\ &= A \cdot R + 2\ \text{mm}. \end{aligned}\right\} \tag{69}$$

Der jetzt mit „A" bezeichnete Wert des Bruches ist also nur vom Druck und Durchmesser, der jetzt mit „R" bezeichnete Wert des Klammerausdruckes vom Druck, Durchmesser, Länge und dem Wert „a", oder anders ausgedrückt: vom Druck, dem Verhältnis $\frac{\text{Länge}}{\text{Durchmesser}}$ und dem Wert „a" abhängig.

Tabelle 12 enthält die Werte für „A" bis 3000 mm ∅ und 15 at, Tabelle 15 die Werte für „R" bei $a = 100$, 80, 70 und 50 sowie 75 und 45, und jedesmal für Längen von $0{,}25 \cdot D$ bis $10 \cdot D$ und Drücke bis 15 at.

b) Tabellenwerte:

$s_{61} = A \cdot R + 2$, wobei A aus Tabelle 12 und R aus Tabelle 15 abzulesen sind.

11. Kupferblechzylinder bei Außendruck:

a) Allgemeine Formel:

Die in den „BVfLDK." vorgeschriebene, in Abschnitt IV/10 verwendete Formel

$$s = \frac{p \cdot D}{2400} \cdot \left(1 + \sqrt{1 + \frac{a}{p} \cdot \frac{l}{l + D}}\right) + 2 \text{ mm}$$

lautet in ihrer ursprünglichen allgemeinen Form[1]):

$$s = \frac{p \cdot D}{4 \cdot k} \cdot \left(1 + \sqrt{1 + \frac{a}{p} \cdot \frac{l}{l + D}}\right) + c. \qquad (70)$$

Hierin bedeutet neben den früheren Bezeichnungen noch:

k = die zulässige Druckanstrengung des Baustoffes in den Niet- und Schweißnähten,

c = eine Erfahrungsgröße um Blechstärken, die sich aus der Rechnung verhältnismäßig gering ergeben, etwas reichlicher zu wählen,

a = eine Zahl, die zunächst davon abhängt, ob das Rohr mit mehr oder weniger großer Vollkommenheit die kreiszylindrische Form besitzt, und zwar derart, daß bis zu einer gewissen Grenze hin a um so kleiner in die Rechnung einzuführen ist, je weniger das Rohr von dieser Form abweicht. Bei absolut kreiszylindrischer Form und unter der Voraussetzung, daß andere Einwirkungen als die am ganzen Umfange gleiche Flüssigkeitspressung nicht tätig sind, würde $a = 0$ gesetzt werden dürfen.

Die Formel ist mit dem Nenner von 2400 also nur für Schmiedeeisen gültig, und für ihre Anwendung auf andere

---

[1]) C. v. Bach, Die Maschinenelemente.

Metalle muß daher jeweils die zulässige Spannung für den betreffenden Baustoff eingesetzt werden!

Mit $k = 400$ ergibt sich[1]):

$$\left.\begin{aligned} s &= \frac{p \cdot D}{4 \cdot 400} \cdot \left(1 + \sqrt{1 + \frac{a}{p} \cdot \frac{l}{l + D}}\right) + c_{11} = \frac{p \cdot D}{1600} \cdot R + c_{11} \\ &= 0{,}000625 \cdot D \cdot p \cdot R + c_{11} = B \cdot R + c_{11}. \end{aligned}\right\} \quad (71)$$

Der Zuschlag c_{11} kann in die Tabelle nicht einbezogen werden, nachdem ein gleichbleibender Zuschlag der fallweise nötig werdenden Erhöhung der nach der Festigkeitsrechnung bestimmten Wandstärken nicht gerecht werden kann. Er ist jeweils so zu bemessen, daß sich aus praktischen Gründen oder wegen zusätzlicher chemischer oder mechanischer Beanspruchungen nach der Tabelle als zu schwach sich ergebende Blechstärken entsprechend erhöht werden.

b) Tabellenwerte (kalter Druck):

$s_{62} = B \cdot R + c_{11}$, wobei B aus Tabelle 13 und R aus Tabelle 15 abzulesen sind.

c) Warmer Druck:

$s_{\text{warm}} = \frac{s_{\text{kalt}}}{\alpha_1} = s_{\text{kalt}} \cdot \frac{1}{\alpha_1}$, wobei die Werte von α_1 und $\frac{1}{\alpha_1}$ aus der Tabelle I zu entnehmen sind. (Siehe Abschnitt III.)

12. Aluminiumblechzylinder bei Außendruck.

a) Allgemeine Formel:

$$s = \frac{p \cdot D}{4 \cdot k} \cdot \left(1 + \sqrt{1 + \frac{a}{p} \cdot \frac{l}{l + D}}\right) + c. \quad (72)$$

Hieraus ergibt sich nach den gleichen Erwägungen wie im vorhergehenden Abschnitt IV/11 mit $k = 205$[1]):

$$\left.\begin{aligned} s &= \frac{p \cdot D}{4 \cdot 205} \cdot \left(1 + \sqrt{1 + \frac{a}{p} \cdot \frac{l}{l + D}}\right) + c_{12} = \frac{p \cdot D}{820} \cdot R + c_{12} \\ &= 0{,}00122 \cdot D \cdot p \cdot R + c_{12} = C \cdot R + c_{12}. \end{aligned}\right\} \quad (73)$$

Hinsichtlich c_{12} gilt sinngemäß das im vorigen Absatz für c_{11} Gesagte.

[1]) Melhardt, Ch. App. 1927, S. 169.

b) Tabellenwerte (kalter Druck):

$s_{63} = C \cdot R + c_{12}$, wobei C aus Tabelle 14 und R aus Tabelle 15 abzulesen sind.

c) Warmer Druck:

$s_{\text{warm}} = \frac{s_{\text{kalt}}}{\alpha_2} = s_{\text{kalt}} \cdot \frac{1}{\alpha_2}$, wobei die Werte von α_2 und $\frac{1}{\alpha_2}$ aus der Tabelle I zu entnehmen sind. (Siehe Abschnitt III.)

V. Werte von x und y zur Formel für Kugelteile bei Innendruck

(nach den BVfLDK./27):

$x = 3{,}5$ für volle Böden ohne Ausschnitt,

$x = 3{,}75$, wenn der Boden Durchbrechungen (Ausschnitte, Mannlöcher) aufweist, deren größte Abmessung gleich oder kleiner ist als $4 \cdot s$, es sei denn, daß durch aufgesetzte Verstärkungen die Schwächung ausgeglichen wird. In diesem Falle ist x mit 3,5 einzusetzen,

$x = 4{,}25$ für Böden mit mittlerem Mannloch,

$x =$ größer als 4,25 für Böden mit seitlichem Mannloch.

Hiernach gilt der Wert von 3,5 für Böden ohne Durchbrechungen und für Böden mit verstärkten Durchbrechungen, deren Abmessung gleich oder kleiner als $4 \cdot s$ ist, der Wert von 3,75 für Böden mit unverstärkten Durchbrechungen, deren Abmessung gleich oder kleiner als $4 \cdot s$ ist. Da der nächste Wert von 4,25 schon für Mannlöcher gilt, fehlt offenbar ein Wert für jene Gruppe von sehr häufig bei Apparaten vorkommenden Durchbrechungen, deren Abmessung zwar größer als $4 \cdot s$, aber bedeutend kleiner als der Mannlochdurchmesser ist. Es sind dies Durchbrechungen, die fast immer durch Stutzen verstärkt sind, und deren Abmessung etwa $8 \cdot s$ beträgt. Es ist anzunehmen, daß sinngemäß der Wert 3,75 für solche Durchbrechungen gilt, wenn sie entsprechend verstärkt werden, da 4,25 für solche Durchbrechungen offenbar zuviel wäre, andererseits die Schwächung durch eine unverstärkte Durchbrechung von $4 \cdot s$ annähernd gleich mit der durch eine verstärkte Durchbrechung von $8 \cdot s$ angesehen werden kann.

Der Wert „größer als 4,25“ wird mit 4,50 gewählt. Er ist zu vergrößern, wenn das Mannloch so nahe an die Krempe zu liegen kommt, daß die früher erwähnte „bedenkliche

Wechselwirkung zwischen der Randspannung und der Krempenspannung“ zu erwarten steht.

Zu beachten ist das Verhältnis der Sicherheitszahl von 3,5 für Böden ohne Durchbrechungen gegenüber der Sicherheitszahl von 4,00 bei nahtlosen Zylindern. Das Verhältnis ist 0,875, d. h. die Sicherheit wird nach den BVfLDK./27 bei Kugelteilen um etwa 12% geringer zu nehmen sein als bei Zylindern, solange keine Durchbrechungen vorhanden sind. Die nächsthöheren Werte sind dann gleich 0,94, 1,06 und 1,125 des Wertes für nahtlose Zylinder. In diesem Verhältnis sollen auch die einer bestimmten Verbindungsart bei nicht nahtlosen Zylindern zukommenden Sicherheitszahlen abgeändert werden, wenn sie bei aus Teilen zusammengesetzten Kugelteilen nebst dem Güteverhältnis der betreffenden Verbindungsart in die Rechnung eingeführt werden sollen.

Für y ist zu setzen:

bei $\frac{h}{D}$ =	0,18	0,19	0,20	0,22	0,24	0,25	0,26	0,28
	0,30	0,35	0,40	0,45,				
bei $\frac{r}{D}$ =	0,065	0,072	0,08	0,10	0,115	0,125	0,135	0,16
	0,18	0,25	0,32	0,405,				
y =	2,8	2,3	2,0	1,6	1,4	1,3	1,2	1,1
	1,0	0,8	0,7	0,6				

und für die Halbkugel 0,55.

Es sind jedoch nur solche Böden zulässig, deren Wölbungshalbmesser nicht größer als der Außendurchmesser, deren Krempenhalbmesser nicht kleiner als 0,1 des Außendurchmessers ist, wobei die Höhe nicht kleiner als 0,2 des Außendurchmessers ist. Sie können auch geformt sein nach einer Ellipse, deren kleinster Krümmungshalbmesser dann $\frac{2 \cdot h^2}{D}$ wird. Dieser Spielraum ist zulässig, ohne daß damit eine praktisch ins Gewicht fallende Änderung der auftretenden Spannungen verbunden wäre.

Sachregister.

Additional material from *Die Wandstärkenberechnung druckbeanspruchter Gefäße aus Schweißtahl-, Flußtahl-, Kupfer- und Aluminiumblech im Apparatebau*, ISBN 978-3-662-33642-7, is available at http://extras.springer.com

EXTRA MATERIALS
extras.springer.com

GPSR Compliance

The European Union's (EU) General Product Safety Regulation (GPSR) is a set of rules that requires consumer products to be safe and our obligations to ensure this.

If you have any concerns about our products, you can contact us on ProductSafety@springernature.com

In case Publisher is established outside the EU, the EU authorized representative is:

Springer Nature Customer Service Center GmbH
Europaplatz 3
69115 Heidelberg, Germany

Batch number: 10682427

Printed by Printforce, the Netherlands